"十四五"职业教育国家规划教材配套教学用书

电工技术基础与技能
学习辅导与练习
（第4版）

主编　陈雅萍

中国教育出版传媒集团

高等教育出版社·北京

内容提要

本书为"十四五"职业教育国家规划教材《电工技术基础与技能》(第4版)的配套教学用书。本书依据教育部颁布的相关教学大纲,并参照了相关国家职业技能标准和行业职业技能鉴定规范,结合近几年中等职业教育的教学实际情况修订而成。

本书按主教材的对应单元顺序编写,主要内容包括课程导入、电路的基础知识与基本测量、直流电路、电容器、磁与电磁感应、正弦交流电、单相正弦交流电路、三相正弦交流电路、变压器和瞬态过程。每单元内容包括知识建构、学法指导、要点提示、典题解析、同步训练和综合测试。

本书配套电子教案、演示文稿、习题答案等辅教辅学资源,请登录高等教育出版社 Abook 新形态教材(http://abook.hep.com.cn)获取相关资源。详细使用方法见本书最后一页"郑重声明"下方的"学习卡账号使用说明"。

本书可作为中等职业学校电类专业学生的学习辅导书,也可作为岗位培训辅导用书。

图书在版编目(CIP)数据

电工技术基础与技能学习辅导与练习/陈雅萍主编
. --4 版. --北京:高等教育出版社,2023.7
ISBN 978 - 7 - 04 - 059975 - 6

Ⅰ.①电… Ⅱ.①陈… Ⅲ.①电工技术-职业教育-
教学参考资料 Ⅳ.①TM

中国国家版本馆 CIP 数据核字(2023)第 030230 号

DIANGONG JISHU JICHU YU JINENG XUEXI FUDAO YU LIANXI

| 策划编辑 李 刚 | 责任编辑 李 刚 | 封面设计 张 志 | 版式设计 徐艳妮 |
| 责任绘图 于 博 | 责任校对 刁丽丽 | 责任印制 高 峰 | |

出版发行	高等教育出版社	网　　址	http://www.hep.edu.cn
社　　址	北京市西城区德外大街4号		http://www.hep.com.cn
邮政编码	100120	网上订购	http://www.hepmall.com.cn
印　　刷	廊坊十环印刷有限公司		http://www.hepmall.com
开　　本	889mm×1194mm 1/16		http://www.hepmall.cn
印　　张	11.75	版　　次	2010 年 7 月第 1 版
字　　数	240 千字		2023 年 7 月第 4 版
购书热线	010-58581118	印　　次	2023 年 12 月第 2 次印刷
咨询电话	400-810-0598	定　　价	29.50 元

本书如有缺页、倒页、脱页等质量问题,请到所购图书销售部门联系调换
版权所有 侵权必究
物 料 号 59975-00

前　言

　　本书为"十四五"职业教育国家规划教材《电工技术基础与技能》(第4版)的配套教学用书。本书依据教育部颁布的相关教学大纲修订。

　　本书的内容与主教材相呼应,共分10个单元,即课程导入、电路的基础知识与基本测量、直流电路、电容器、磁与电磁感应、正弦交流电、单相正弦交流电路、三相正弦交流电路、变压器和瞬态过程。每个单元的内容均包括知识建构、学法指导、要点提示、典题解析、同步训练和综合测试六部分。知识建构:将每个单元的知识与技能交织成知识网,帮助学生形成结构化、有序化、系统化的知识体系;学法指导:重在引导学生掌握学习相关知识与技能的思路、方式与方法;要点提示:简述每个单元的基本内容与要点,让学生从结构与细节上对所学内容有所了解,加深对知识的理解;典题解析:对典型例题进行分析,提供规范的解题步骤,重在分析解题方法,阐明解题思路,帮助学生提高分析问题、解决问题的能力;同步训练:有针对性地设计与教学内容相对应的习题,便于及时巩固知识与技能;综合测试:供学生检查学习效果。

　　本书与主教材同步,贴近中职教学实际,具有很强的针对性,能够极大地方便教师的教和学生的学。

　　本书由陈雅萍任主编,林如军、方爱平、魏丽娜、吴利利、王禹参与了本书部分内容的修订工作。

　　本书配套电子教案、演示文稿、习题答案等辅教辅学资源,请登录高等教育出版社Abook新形态教材(http://abook.hep.com.cn)获取相关资源。详细使用方法见本书最后一页"郑重声明"下方的"学习卡账号使用说明"。

　　由于编者水平有限,书中难免存在不足之处,恳请读者批评指正,读者反馈邮箱:zz_dzyj@pub.hep.cn。

编　者

2023年6月

目　录

课程导入 —————

1

本单元通过现场观察和讲解,认识和了解电工实验实训室、电源配置及安全用电的相关知识。让学生树立安全用电与规范操作的职业意识,对本课程形成初步认识。

2
3
4
5
6
7
8
9
10

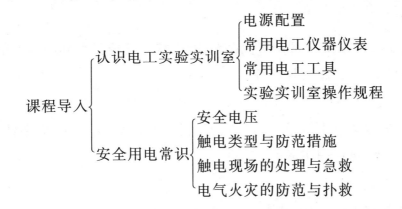

课程导入
- 认识电工实验实训室
  - 电源配置
  - 常用电工仪器仪表
  - 常用电工工具
  - 实验实训室操作规程
- 安全用电常识
  - 安全电压
  - 触电类型与防范措施
  - 触电现场的处理与急救
  - 电气火灾的防范与扑救

学法指导

本单元的学习主要包括两大方面,即认识电工实验实训室和安全用电常识。可通过对现场实物及主教材中相关图片的观察,了解常用电工实验实训室中的电源配置、常用电工仪器仪表及常用电工工具,明确实验实训室安全操作规程;可结合案例分析或多媒体动画,了解安全电压、触电类型与防范措施、触电现场的处理与急救、电气火灾的防范与扑救等相关知识与操作方法。

要点提示

一、认识电工实验实训室

电源通常有直流和交流两大类。

1. 直流电源

直流电源用字母"DC"或符号"---"表示。

(1) 两组可调直流稳压电源。每组可调直流稳压电源输出电压在 0~24 V 之间,输出电流在 0~2 A 之间。

(2) 直流 5 V TTL 电源。该电源输出电压为 5 V,最大输出电流为 0.5 A,是 TTL 集成电路的专用电源。

2. 交流电源

交流电源用字母"AC"或符号"~"表示。常见的交流电源配置一般有三组。

(1) 3~24 V 多挡低压交流电源。可输出 3 V、6 V、9 V、12 V、15 V、18 V、24 V 共 7 个

挡位的交流电,频率为 50 Hz。

(2) 单相交流电源。可输出 220 V、50 Hz 的交流电。

(3) 三相交流电源。三相交流电源可以提供两种电压:线电压(380 V、50 Hz),相电压(220 V、50 Hz)。

另外,还有 0~240 V、2 A 可调交流电源,电子技术中经常用到的脉冲信号源、正弦波信号源、方波信号源、三角波信号源等。

3. 常用电工仪器仪表

常用电工仪器仪表有电流表、电压表、万用表、示波器、毫伏表、频率计、兆欧表、钳形电流表、信号发生器、单相调压器等。

4. 常用电工工具

常用电工工具有老虎钳、尖嘴钳、斜口钳、剥线钳、螺丝刀、镊子、电工刀、试电笔等。

5. 电工实验实训室操作规程

每一位进入电工实验实训室的学员,都应严格遵守电工实验实训室的各项操作规程,学会安全操作、文明操作。具体要求如下:

(1) 实验实训前必须做好准备工作,按规定的时间进入实验实训室,到达指定的工位,未经同意,不得私自调换。

(2) 不得穿拖鞋进入实验实训室,不得携带食物进入实验实训室,不得让无关人员进入实验实训室,不得在室内喧哗、打闹、随意走动,不得乱摸乱动有关电气设备。

(3) 任何电气设备内部未经验明无电时,一律视为有电,不准触及,任何接、拆线都必须切断电源后方可进行。

(4) 实训前必须检查工具、测量仪表和防护用具是否完好,如发现不安全情况,应立即报告指导教师,以便及时采取措施;电气设备安装检修后,须经检验后方可使用。

(5) 实训操作时,思想要高度集中,操作内容必须符合教学内容,不准做任何与实验实训无关的事。

(6) 要爱护实验实训工具、仪器仪表、电气设备和公共财物。

(7) 凡因违反操作规程或擅自动用其他仪器设备造成损坏者,由事故人进行书面检查,视情节轻重进行赔偿,并给予批评或处分。

(8) 保持实验实训室整洁,每次实验实训后要清理实验实训场所,做好设备清洁和日常维护工作。经教师同意后方可离开。

二、安全用电常识

1. 电流对人体的伤害

当通过人体的电流超过 50 mA 时,便会引起心力衰竭、血液循环终止、大脑缺氧而导致死亡。

2. 安全电压

在正常环境下,规定 36 V 及以下的电压为安全电压。

3. 触电类型与防范措施

(1)触电类型。常见的触电类型有单相触电、两相触电和跨步电压触电。

(2)防范措施。常见的触电防范措施主要有正确安装用电设备、安装漏电保护装置、电气设备的保护接地、电气设备的保护接零以及采用各种安全保护用具等。

4. 触电现场的处理与急救

当发现有人触电时,必须用最快的方法使触电者脱离电源。脱离电源的具体方法可用"拉""切""挑""拽""垫"五个字来概括。然后根据触电者的具体情况,进行相应的现场救护。当触电者出现心脏停搏、无呼吸等假死现象时,可采用胸外心脏按压法和口对口人工呼吸法进行救护。

(1)胸外心脏按压法。适用于有呼吸但无心跳的触电者。救护方法的口诀是:病人仰卧硬地上,松开领口解衣裳。当胸放掌不鲁莽,中指应该对凹膛。掌根用力向下按,压下一寸至半寸。压力轻重要适当,过分用力会压伤。慢慢压下突然放,一秒一次最恰当。

(2)口对口人工呼吸法。适用于有心跳但无呼吸的触电者。救护方法的口诀是:病人仰卧平地上,鼻孔朝天颈后仰。首先清理口鼻腔,然后松扣解衣裳。捏鼻吹气要适量,排气应让口鼻畅。吹二秒来停三秒,五秒一次最恰当。

(3)当触电者既无呼吸又无心跳时,可以同时采用口对口人工呼吸法和胸外心脏按压法进行。应先口对口(鼻)吹气两次(约 5 s 内完成),再做胸外按压 15 次(约 10 s 内完成),以后交替进行。

5. 电气火灾的防范与扑救

(1)防范。在制造和安装电气设备、电气线路时,应尽量减少使用易燃物,而选用具有一定阻燃能力的材料。一定要按防火要求设计和选用电气产品,严格按照额定值规定条件使用电气产品,按防火要求提高电气安装和维修水平,主要从减少明火、降低温度、减少易燃物三个方面入手,另外还要配备灭火器具。

(2)扑救。电气火灾一旦发生,首先要切断电源,进行扑救,并及时报警。带电灭火时,切忌用水和泡沫灭火剂,应使用干黄砂、二氧化碳、1211(二氟一氯一溴甲烷)、四氯化碳或干粉等灭火器。

典题解析

【例1】 请问如何从电工实验实训台上获取 6 V 直流电和 9 V 交流电?

解：

（1）6 V直流电的获取

可以从DC 0~24 V可调直流稳压电源输出中获取。其操作步骤如下：

① 打开实验实训台操作面板电源开关。

② 调节可调直流稳压电源的"电压调节"旋钮，观察"电压显示"表，直到输出电压为6 V。

（2）9 V交流电的获取

可以从AC 3~24 V多挡低压交流电源输出中获取。其操作步骤如下：

① 打开实验实训台操作面板电源开关。

② 调节多挡低压交流电源输出的"转换开关"旋钮，使其置于"9 V"挡的位置。

评析：6 V直流电和9 V交流电的获取关键是要分清交、直流。另外，还应注意直流电有正、负极之分，一般红接线柱输出为正极，黑接线柱输出为负极，但交流电没有正、负极之分。

【例2】 某灯具厂发生火灾，一名消防员在救火中，被一根脱落的电线击中左手腕，不幸献出了年轻的生命。试分析事故原因。

解：该消防员在救火中被一根脱落的电线击中左手腕，造成了单相触电事故。发生火灾的厂房未安装漏电保护装置、内部线路敷设混乱，发生火灾时未及时切断总电源，用铜线代替熔丝等情况是造成事故的主要原因。

评析：发生火灾时，为防止脱落的电线击中在场人员，应想办法先切断总电源。另外，为防止触电事故的发生，应注意正确安装用电设备、安装漏电保护装置、电气设备的保护接地和电气设备的保护接零等。

同步训练

1.1　认识电工实验实训室

一、填空题

1. 电源通常有直流和交流两大类，直流用字母"＿＿＿＿"或符号"＿＿＿＿"表示；交流用字母"＿＿＿＿"或符号"＿＿＿＿"表示。

2. 电工实验实训台上的单相交流电源可输出电压值为＿＿＿＿V、频率为＿＿＿＿Hz的交流电压。

3. 电工实验实训台上的三相交流电源除了能提供三相交流电以外，还可提供两种电压,即_____和_____。

4. 实训前必须检查_____、_____和_____是否完好,如发现不安全情况,应立即报告指导教师,以便及时采取措施。

二、简答题

1. 请叙述从电工实验实训台上获取双 12 V 直流电源的方法和工作过程。

2. 常用电工仪器仪表和常用电工工具有哪些?

1.2 安全用电常识

一、填空题

1. 电气设备安装检修后,需经_____后方可使用。

2. 人体触电时,决定人体伤害程度的主要因素是_____。

3. 在金属架或潮湿场地工作时,安全电压等级还要降低,应采用_____ V 或_____ V。

4. 当人体的某一部位碰到相线或绝缘性能不好的电气设备外壳时,电流由相线经人体流入大地导致的触电现象称为_____。

5. 两相触电时,作用于人体上的电压为_____。

6. 漏电保护装置的主要作用是当电路中的电流超过一定值时,能快速_____,确保人身安全。

7. 对临时装设的电气设备也必须将金属外壳_____。

8. 脱离电源的具体方法可用_____、_____、_____、_____、_____五个字来概括。

二、简答题

1. 请写出"胸外心脏按压法"的具体操作过程。

2. 请写出"口对口人工呼吸法"的具体操作过程。

综合测试

一、填空题

1. 电工实验实训室中通常有多组电源配置,一般分为_____和_____两大类。

2. 三相交流电源能够提供的线电压大小为_____ V,相电压大小为_____ V。线电压是每两根_____线之间的电压,相电压是任一_____线与_____线之间的电压。

3. 任何电气设备内部未经验明无电时,一律视为_____,不准用手触及,任何接、拆线都必须_____电源后方可进行。

4. 通常人体的电阻为_____Ω至几万欧不等。当皮肤出汗、有导电液或导电尘埃时,人体电阻将_____。

5. _____法适用于有呼吸但无心跳的触电者,_____法适用于有心跳但无呼吸的触电者。

6. 电气火灾一旦发生,首先要_____电源,进行扑救,并及时_____。

二、选择题

1. 兆欧表可以用来测量(　　)。

A. 电流　　　　　　　　B. 电压　　　　　　　　C. 电阻　　　　　　　　D. 频率

2. 当人行走在发生雷击的大树周围时,会发生(　　)。

A. 单相触电　　　　　　　　　　　　B. 两相触电

C. 跨步电压触电　　　　　　　　　　D. 不能确定

3. 当人体触碰到掉落在地上的某根带电导线时,会发生(　　)。

A. 单相触电　　　　　　　　　　　　B. 两相触电

C. 跨步电压触电　　　　　　　　　　D. 不能确定

4. 不属于触电防范措施的是(　　)。

A. 装设漏电保护装置　　　　　　　　B. 安装开关

C. 保护接地　　　　　　　　　　　　D. 保护接零

5. 如果发现有人触电,必须用最快的方法(　　)。

A. 进行人工呼吸　　　　　　　　　　B. 进行胸外心脏按压

C. 使触电者脱离电源　　　　　　　　D. 拨打120

6. 当通过人体的电流超过(　　)时,人便会触电死亡。

A. 30 mA　　　　　　B. 50 mA　　　　　　C. 100 mA　　　　　　D. 150 mA

7. 常见的触电类型有(　　)。

A. 单相触电　　　　B. 两相触电　　　　C. 跨步电压触电　　　　D. 以上都是

8. 电气设备的金属外壳必须接(　　)。

A. 地　　　　　　　　B. 电源　　　　　　　　C. 相线　　　　　　　　D. 中性线

9. 带电灭火时,切忌使用(　　)灭火剂。

A. 二氧化碳　　　　　　B. 干黄砂　　　　　　C. 水和泡沫　　　　　　D. 干粉

10. 关于电工实验实训室操作规程,以下说法不正确的是(　　)。

A. 电气设备安装检修后,马上可使用

B. 实训前必须检查工具、测量仪表和防护用具是否完好

C. 不得穿拖鞋进入实验实训室

D. 任何电气设备内部未经验明无电时,一律视为有电

三、简答题

1. 一般的电工实验实训室有哪些电源配置?

2. 当触电者既无呼吸又无心跳时,应采用什么方法进行救护?

3. 进入电工实验实训室后最应该注意的是什么?

电路的基础知识与基本测量 ━━

　　本单元学习电路、电路中的基本物理量、直流电压与电流的测量、电阻的测量、常用电池及其应用、万用表的基本操作等,并为下一单元学习直流电路的基本定律、定理等电路分析方法做好准备。

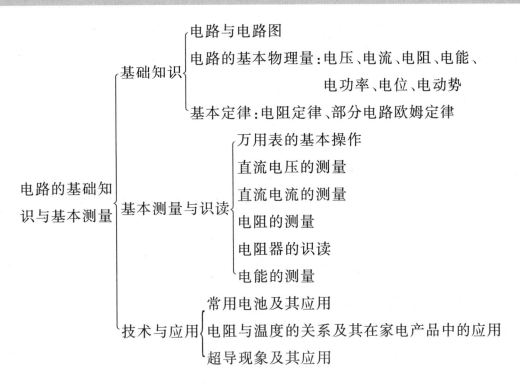

电路的基础知识与基本测量
- 基础知识
  - 电路与电路图
  - 电路的基本物理量:电压、电流、电阻、电能、电功率、电位、电动势
  - 基本定律:电阻定律、部分电路欧姆定律
- 基本测量与识读
  - 万用表的基本操作
  - 直流电压的测量
  - 直流电流的测量
  - 电阻的测量
  - 电阻器的识读
  - 电能的测量
- 技术与应用
  - 常用电池及其应用
  - 电阻与温度的关系及其在家电产品中的应用
  - 超导现象及其应用

学法指导

　　本单元学习可分为三个方面。一是关于电路、电流、电压、电阻、电位、电动势、电能、电功率等基本概念的学习;二是关于电阻器的识读,万用表的基本操作及电流、电压、电阻等基本物理量的正确测量等职业技能训练;三是了解电工相关技术及其应用。在学习过程中,可联系生活实际加深对基本概念的理解和掌握;对于基本物理量的测量与电阻器的识读,应结合三个实训项目,多动手实践操作,在实践操作的过程中学习、理解和掌握相关的职业知识与技能;对于常用电池及其应用等相关技术,可通过广泛阅读、上网查找等手段学习和了解。特别要提醒的是,对于三个实训项目,应根据要求,针对各项具体操作任务进行认真训练,以真正达到实训目的,掌握技能。

要点提示

一、电路与电路图

1. 电路是电流的通路。一个完整的电路至少包含电源、负载、导线、控制和保护装置四部分。

2. 电路通常有通路、断路(开路)、短路三种状态。电路中不允许无故短路,特别不允许电源短路。

3. 用相关国家标准规定的电气图形符号、文字符号来表示电路连接情况的图示,称为电路原理图,简称电路图。

二、电路的基本物理量

1. 电流

(1)形成。电荷有规则定向移动形成电流。

(2)大小。电流的大小等于通过导体横截面的电荷量与通过这些电荷量所用时间的比值,其定义式为 $I=\dfrac{q}{t}$。

(3)方向。规定正电荷定向移动的方向为电流方向。在分析与计算电路时,有时事先无法确定电路中电流的真实方向。为了计算方便,常事先假设一个电流方向,称为参考方向,用箭头在电路图中标明。如果电流的计算结果为正值,那么电流的真实方向与参考方向一致;如果电流的计算结果为负值,那么电流的真实方向与参考方向相反。

2. 电压

(1)形成。不同类型的电荷之间有引力作用。若要分离不同类型的电荷,必定要将其他形式的能转换成电场能。如干电池,通过电源内部化学能的作用,让正电荷聚集在干电池的正极端,相同数量的负电荷聚集在干电池的负极端。这样,由于正、负电荷的分离,在正、负两端之间形成了一定的电压 U。我们就说电荷的分离形成电压。

(2)大小。电压是衡量电场力做功本领大小的物理量。A、B 两点间的电压 U_{AB} 在数值上等于电场力把正电荷由 A 点移到 B 点所做的功 W_{AB} 与被移动电荷的电荷量的比值。其定义式为 $U_{AB}=\dfrac{W_{AB}}{q}$。

(3)方向。规定电压的方向为由高电位指向低电位,即电位降低的方向。因此,电压也常被称为电压降。在电路计算时,若事先无法确定电压的真实方向,常先设定电压的参考方向。如果电压的计算结果为正值,则电压的真实方向与参考方向一致;如果电压的计算结果为负值,则电压的真实方向与参考方向相反。

3. 电源电动势

(1)大小。电动势的大小等于电源力把正电荷从低电位(负极)移到高电位(正极)克服电场力所做的功 W 与被移动电荷的电荷量 q 的比值。其定义式为 $E=\dfrac{W}{q}$。常用干电池的电动势一般为 1.5 V,铅酸蓄电池的电动势为 2 V,镍镉、镍氢电池的电动势为 1.2 V,锂离子电池的电动势一般为 3.7 V。

（2）端电压与电动势的关系。电源两端存在的电压称为电源的端电压,用 U 表示。电源的端电压 U 与电源的电动势 E 之间既有联系,又有区别。① 当电源开路时,电源的端电压 U 在数值上等于电源的电动势 E,即 $U=E$。② 当电源工作时,电源的端电压 U 在数值上小于电源的电动势 E,即 $U<E$。

4. 电位

（1）参考点。要说明电路中某点电位的高低,首先要确定一个基准点,这个基准点称为参考点,规定参考点的电位为零。习惯上通常选择大地为参考点,在实际电路中选取公共点或机壳作为参考点。

（2）电位。电路中某点的电位就是该点与参考点之间的电压,用字母 V 表示。

（3）电压与电位的关系。电压就是两点间的电位差。在电路中,A、B 两点间的电压等于 A、B 两点的电位之差,即

$$U_{AB} = V_A - V_B$$

5. 电阻

（1）定义。当自由电子在导体中定向移动时会受到阻碍,表示这种阻碍作用的物理量称为电阻,用字母 R 表示。

（2）电阻与温度的关系。导体的电阻与温度有关。通常情况下,纯金属的电阻随温度的升高而增大。有的合金（如康铜和锰铜）的电阻与温度变化的关系不大。而碳和有些半导体的电阻随温度的升高而减小。

6. 电能

（1）定义。在电场力的作用下,电荷定向移动形成的电流所做的功称为电能。电流做功的过程就是将电能转换成其他形式的能的过程。

（2）大小。如果加在导体两端的电压为 U,在时间 t 内通过导体横截面的电荷量为 q,则电流所做的功即电能 $W=UIt$。

对于纯电阻电路,欧姆定律成立,即 $U=IR$,$I=\dfrac{U}{R}$,将其代入上式可得

$$W = \frac{U^2}{R}t = I^2 Rt$$

（3）单位。在国际单位制中,电能的单位是 J。在实际使用中,电能常用 kW·h（千瓦时,俗称度）为单位,即 $1\ \text{kW·h} = 3.6 \times 10^6\ \text{J}$。

7. 电功率

（1）定义。电功率是描述电流做功快慢的物理量。电流在单位时间内所做的功称为

电功率。

（2）大小。如果在时间 t 内,电流通过导体所做的功为 W,那么电功率

$$P = \frac{W}{t}$$

对纯电阻电路,电功率的公式还可以写成

$$P = UI = \frac{U^2}{R} = I^2 R$$

三、基本定律

1. 电阻定律。实验证明,在温度不变时,一定材料制成的导体的电阻与它的长度成正比,与它的横截面积成反比。这个实验规律称为电阻定律。

均匀导体的电阻可用公式表示为

$$R = \rho \frac{l}{A}$$

2. 部分电路欧姆定律

在电阻电路中,电路中的电流 I 与电阻两端的电压 U 成正比,与电阻 R 成反比,这就是部分电路欧姆定律。部分电路欧姆定律可以用公式表示为

$$I = \frac{U}{R}$$

3. 焦耳定律

电流通过导体产生的热量,跟电流的平方、导体的电阻和通电时间成正比,这就是焦耳定律。用公式表示为 $Q = RI^2 t$。

四、基本测量与识读

1. 万用表的基本操作

（1）认识面板。数字式万用表面板如图 2-1 所示。其中,液晶显示屏用于显示测量值;通断指示灯用于通断检测时报警;挡位与量程选择开关用于改变测量挡位和量程;HOLD 键用于锁定测量数据。

（2）操作前的准备。① 操作万用表前要先检查 9 V 电池电压,如果电池电压不足,应及时更换电池;如果电池电压正常,则进入工作状态。② 测试插孔旁边

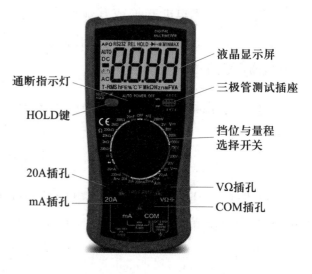

图 2-1 数字式万用表面板

的"!"符号表示输入电压或电流不应超过此标示值,以免损坏内部部件。③ 测试前,应将挡位与量程选择开关置于所需挡位和量程上。

2. 直流电压的测量

测量直流电压的大小一般用直流电压表,也可以用万用表的直流电压挡代替直流电压表进行测量。万用表测量直流电压时的操作步骤如下:

（1）插好表笔。将黑表笔插入 COM 插孔,红表笔插入 VΩ 插孔。

（2）选择挡位与量程。将挡位与量程选择开关转至直流电压挡的合适量程。

（3）将万用表并联在被测电压两端,红表笔接高电位端,黑表笔接低电位端。

（4）正确读数。

3. 直流电流的测量

测量直流电流的大小一般用直流电流表,也可以用万用表的直流电流挡代替直流电流表进行测量。万用表测量直流电流时的操作步骤如下:

（1）插好表笔。将黑表笔插入 COM 插孔,红表笔插入 mA 插孔（量程为 200 mA）或 20 A 插孔（量程为 20 A）。

（2）选择挡位与量程。将挡位与量程选择开关转至直流电流挡的合适量程。

（3）将万用表串联在被测电路中,红表笔接在高电位端的断点处,黑表笔接在低电位端的断点处。

（4）正确读数。

4. 电阻的测量

（1）万用表测电阻

测量电阻一般用电阻表,也可以用万用表的电阻挡来测量电阻。若被测电阻的精度要求比较高,一般用电桥进行测量;若测量电动机、电器、电缆等电气设备的绝缘性能,一般用兆欧表。

用万用表的电阻挡测量电阻的操作步骤如下:

① 选择挡位与量程。根据被测电阻的估值,将挡位与量程选择开关置于合适的电阻挡。

② 测量方法。将万用表的红、黑表笔分别连接被测电阻两端。

③ 读数。正确读出被测电阻数值。

（2）伏安法测电阻

根据欧姆定律,只要用电压表测出电阻两端的电压,用电流表测出通过电阻的电流,就可以求出电阻值,这就是伏安法测量电阻。

伏安法测电阻在原理上是非常简单的,但由于在电路中接入了电压表和电流表,不可避免地改变了电路原来的状态,这就给测量结果带来了误差。

5. 电阻器的识读

（1）分类。电阻器通常称为电阻，是一种常见并且广泛应用的电子元器件。常用电阻器可分为固定电阻器、可变电阻器和敏感电阻器等。

（2）主要参数。电阻器的主要参数有标称阻值、允许误差和额定功率，其他参数只在有特殊要求时才考虑。

（3）色环电阻器的识读。色环电阻器分为四色环电阻器和五色环电阻器。普通电阻器用四条色环表示标称阻值及允许误差，其中前三条表示标称阻值，最后一条表示允许误差（通常为金色或银色）。

四色环电阻器标称阻值=第一、二色环数值组成的两位数×第三色环表示的倍率（10^n）

精密电阻器用五条色环表示标称阻值和允许误差，其中前四条表示标称阻值，最后一条表示允许误差（通常最后一条与前面四条之间距离较大）。

五色环电阻器标称阻值=第一、二、三色环数值组成的三位数×第四色环表示的倍率（10^n）

6. 电能的测量

计量电能一般用电能表，又称电度表，俗称火表。

五、技术与应用

电池是一种常用的电源装置。电池可简单分为一次性电池和可充电电池，可以多次充电、反复使用的可充电电池已经成为电池的主流。电池的主要参数包括电动势、容量等。

干电池是一种目前仍在使用的传统化学电池，一般为一次性电池，具有价格低廉、使用方便等特点。微型电池的形状各式各样，常用于集成电路、小型电子产品中；常用干电池的电动势约为 1.5 V。蓄电池是一种可充电的化学电池，种类很多，常用的蓄电池有铅酸蓄电池、镍镉电池、镍氢电池和锂离子电池等。铅酸蓄电池是最早出现的蓄电池，单个铅酸蓄电池的电动势一般为 2 V，在需要不同电动势的场合，可以将多个铅酸蓄电池串联使用；镍镉电池具有放电能力强、维护简单、价格便宜等优点，但在充、放电过程中如果处理不当，会出现严重的"记忆效应"，并且存在重金属污染问题，正在被镍氢电池、锂离子电池取代。镍镉电池的电动势一般为 1.2 V；镍氢电池具有低温放电特性好、无"记忆效应"等优点。镍氢电池的电动势约为 1.2 V；锂离子电池具有能量密度高、体积小、重量轻、充电效率高、放电电压变化平缓、寿命长、无"记忆效应"等优点。新能源汽车是锂离子电池最具有代表性的应用领域，按照关键的正极材料，目前锂离子电池主要包括三元锂电池、磷酸铁锂电池和钛酸锂电池；燃料电池是一种把燃料在燃烧过程中释放的化学能直接转换成电能的装置。太阳能电池是利用半导体的光伏效应把太阳光的能量转换为电能的装置，一般制作成板状，称为太阳能电池板。

　　　　　　　　　　　　　　　　　　　　2　电路的基础知识与基本测量

【例1】 标明"220 V/800 W"的电饭煲。求:(1)正常工作时的电流;(2)若把它接到 110 V 的电源上,它的功率将是多少?(3)电饭煲平均每天使用2 h,一个月(30 天)需要用多少度电?若每度电按 0.60 元计算,需要多少电费?

解:

(1)电饭煲正常工作时的电流

$$I = \frac{P}{U} = \frac{800}{220} \text{ A} \approx 3.64 \text{ A}$$

(2)由公式 $R = \dfrac{U^2}{P}$ 可得

$$R = \frac{U_1^2}{P_1} = \frac{U_2^2}{P_2}$$

则

$$P_2 = \frac{U_2^2}{U_1^2} P_1 = \left(\frac{U_2}{U_1}\right)^2 P_1 = \left(\frac{110}{220}\right)^2 \times 800 \text{ W} = 200 \text{ W}$$

(3)电饭煲每天消耗的电能　$W' = Pt = 0.8 \times 2 \text{ kW} \cdot \text{h} = 1.6 \text{ kW} \cdot \text{h}$

一个月消耗的电能　$W = 1.6 \times 30 \text{ kW} \cdot \text{h} = 48 \text{ kW} \cdot \text{h}$

一个月的电费为　48×0.60 元 = 28.80 元

评析:(1)在计算用电器的功率时,要明确额定功率与实际功率是两个不同的概念,用电器只有在额定电压下工作时,其实际消耗的功率才会等于额定功率。当电饭煲在 110 V 的电源上工作时,其消耗的实际功率一定小于其额定功率,并为额定功率的1/4。
(2)要知道电能在日常生活中通常用"度",即"kW·h"表示,所以在计算功率时,功率的单位应转换成 kW,使用的时间用 h 作为单位,这样计算电费就比较方便。

【例2】 如图 2-2 所示,某色环依次为黄、紫、黑、棕、棕的五色环电阻器,小明在识读的过程中不是非常确定,想用万用表测一测该电阻器的阻值。请代小明写出用万用表测该电阻器阻值的操作过程。

解:该五色环电阻器上的色环依次为黄、紫、黑、棕、棕,查表可知,第 1 条黄环表示 4,第 2 条紫环表示 7,第 3 条黑环表示 0,第 4 条棕环表示 10^1,第 5 条棕环表示 ±1% 的允许误差。则其标称阻值为:$470 \times 10^1 \ \Omega = 4\,700 \ \Omega = 4.7 \text{ k}\Omega$,从而识别出该电阻器的标称阻值为 4.7 kΩ,允许误差为 ±1%。

图 2-2

万用表测该电阻器阻值时的操作过程如下：

（1）挡位与量程选择"20 kΩ"。

（2）红表笔插入 VΩ 孔，黑表笔插入 COM 孔。

（3）万用表的红、黑表笔与被测电阻器并联，注意不要把人体电阻并入其中。

（4）正确读数。

评析：对色环电阻器进行识读时，应明确五色环电阻器的第四环代表的是倍率，而不是色环代表的数值。另外，用万用表测电阻器阻值时，为尽可能减小误差，挡位与量程的选择要合适，测 4.7 kΩ 电阻器阻值时，挡位与量程选择 20 kΩ 挡。

同步训练

2.1　电路与电路图

一、填空题

1. 电源是提供_____的装置，它把_____转换成_____。常见的直流电源有_____、_____、_____和_____等。

2. 负载也称_____或_____，是把_____转换成_____的装置。如电动机把_____能转换成_____能，电炉把_____能转换成_____能。

3. 给电池充电，是把_____能转换成_____能。

4. 电路中的开关和熔断器通常对电路起_____和_____作用。

5. 短路是指电源不经负载直接被_____相连。此时，电源提供的电流比正常通路时的电流_____，严重时，会_____电源和短路内的电气设备。

6. 由理想元件构成的电路称为实际电路的_____。

7. 断路也称_____，是指电源与负载之间未形成闭合电路，即电路中有一处或多处是断开的。此时，电路中没有_____通过，负载不工作。

8. 电路通常有三种状态，即_____、_____和_____。

二、简答题

1. 在家庭电路中，通常采用什么措施来预防短路？

2. 电路通常有几种工作状态？各种状态分别有什么特点？

2.2 电流及其测量

一、填空题

1. 在分析与计算电路时,有时事先无法确定电路中电流的真实方向,为了计算方便,常先假设一个电流方向,称为_____。

2. 如图 2-3 所示,在图中标出了电流的参考方向与计算结果,则可判断出电流的真实方向为_____。

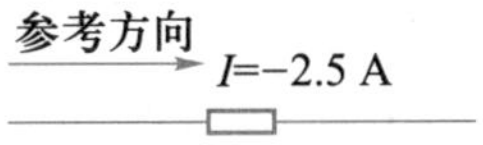

参考方向 $I=-2.5$ A

图 2-3

3. 在 1 min 的时间内,通过导体横截面的电荷量为 12 C,则通过导体的电流大小为_____ A。

4. 单位换算:0.1 A =_____ mA;5 mA =_____ A。

5. 电流表必须_____在被测电路中。

6. 电流的大小和方向都不随时间变化的电流称为_____;电流的大小随时间变化,但方向不随时间变化的电流称为_____。电流的大小和方向都随时间变化的电流称为_____。

7. 直流电流的文字符号用字母_____表示,图形符号用_____表示;交流电流的文字符号用字母_____表示,图形符号用_____表示。

二、选择题

1. 一般家用电器的工作电流为(   )。

A. 100 A   B. 0.3~6 A   C. 2 μA   D. 0.01 mA

2. 大小随时间变化,但方向不随时间变化的电流称为(   )。

A. 恒稳直流电   B. 交流电

C. 脉动直流电   D. 无法确定

3. 通过一个电阻的电流是 5 A,经过 5 min,通过该电阻横截面的电荷量是(   )。

A. 25 C   B. 50 C   C. 2 500 C   D. 1 500 C

4. 测量直流电流可以用(   )。

A. 交流电压表   B. 交流电流表

C. 直流电压表   D. 万用表

三、简答题

1. 简述直流电流表使用时的注意事项。

2. 简述电流的参考方向与实际方向的区别与联系。

2.3　电压及其测量

一、填空题

1. 电压的方向规定为由_____指向_____,即电压_____的方向。因此,电压也常被称为_____。

2. 描述电路中某点电位高低,首先要确定一个基准点,这个基准点称为_____。习惯上选择_____为参考点,在实际电路中通常选择_____或_____作为参考点。

3. 电路中某点的电位就是_____与_____之间的电压,用字母_____表示。

4. 如果 $U_{AB}>0$,说明 A 点电位比 B 点电位_____;如果 $U_{AB}=0$,说明 A 点电位与 B 点电位_____。

5. 电位是_____值,它的大小与参考点的选择_____;电压是_____值,它的大小与参考点选择_____。

6. 常用干电池的电动势约为_____,单个铅酸蓄电池的电动势约为_____,镍氢电池的电动势约为_____。

7. 电源两端的电压称为_____。

8. 电源端电压与电动势之间的关系:当电源开路时,电源端电压在数值上_____电源电动势,即 U _____ E;当电源工作时,电源端电压在数值上_____电源电动势,即 U _____ E。

9. 电压表必须_____在被测电路中。

10. 把一个 24 V 的直流电源的正极接地,则负极的电位是_____。

二、选择题

1. 使用万用表测量直流电压时,应把挡位与量程选择开关旋至(　　)。

A. 直流电流挡　　　　　　　　　　B. 交流电压挡

C. 直流电压挡　　　　　　　　　　D. 电阻挡

2. 指针式万用表进行电气调零时,需把挡位与量程选择开关置于电阻(　　)挡。

A. $R\times100$　　　　B. $R\times1$　　　　C. $R\times1\text{ k}$　　　　D. $R\times10\text{ k}$

3. 如图 2-4 所示电路中,A 点的电位 V_A 等于(　　)。

A. 6 V　　　　　　B. 21 V　　　　　　C. 15 V　　　　　　D. 0 V

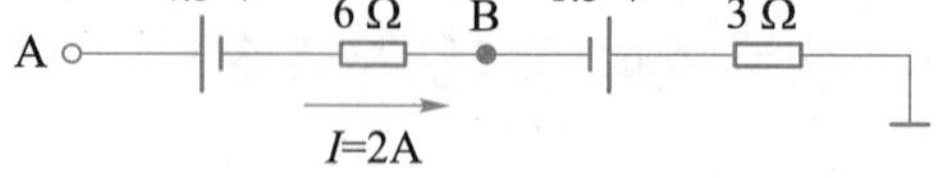

图 2-4

4. 在图 2-4 所示电路中, A、B 两点之间的电压 U_{AB} 等于（　　　　）。

A. 1.5 V   B. 12 V   C. 16.5 V   D. 4.5 V

5. 使用数字式万用表测干电池两端电压时, 挡位与量程选择开关最恰当的选择是（　　　　）。

A. 直流 2 V   B. 直流 20 V   C. 直流 200 V   D. 以上都一样

6. 关于电动势的说法, 下列正确的是（　　　　）。

A. 电动势的大小在数值上等于端电压

B. 电动势是衡量电场力做功本领大小的物理量

C. 电动势不仅存在于电源内部, 而且也存在于电源外部

D. 电动势的大小与外电路无关, 它由电源本身的性质决定

7. 电路中两点间的电压高, 则（　　　　）。

A. 这两点的电位都高   B. 这两点间的电位差大

C. 这两点的电位都大于零   D. 无法判断

三、简答与计算题

1. 简述使用数字式万用表测量 6 V 直流电压时的操作步骤与注意事项。

2. 常见的电池有哪些？请举例说明其应用场合。

3. 电路如图 2-5 所示, 试求 A、B 两点间的电压。

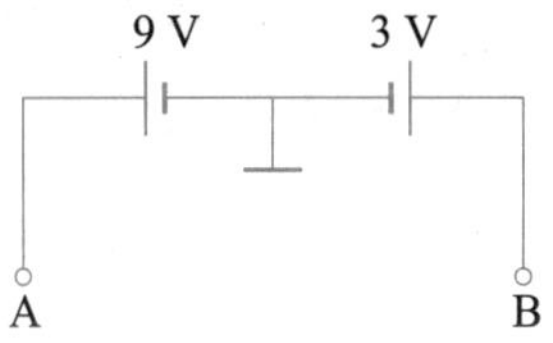

图 2-5

2.4　电阻及其测量

一、填空题

1. 当自由电子在导体中进行定向移动时会受到阻碍, 表示这种阻碍作用的物理量称为_____。

2. 在温度不变时, 一定材料制成的导体的电阻与它的_____成正比, 与它的_____成反比。这一规律称为_____。

3. 2 根同种材料的电阻丝, 长度之比为 1∶4, 横截面积之比为 3∶2, 则它们的电阻之比为_____。

4. 把 1 根铜导线均匀拉长至原来的 2 倍, 则其电阻值变为原来的_____倍。

5. 导体的电阻与温度有关。通常情况下, 纯金属的电阻随温度的升高而_____, 碳和有些半导体的电阻随温度的升高而_____。

6. 敏感电阻器通常有_____、_____、_____等。

7. 某四色环电阻器, 其色环颜色依次为棕、黑、棕、金, 则其标称阻值为_____, 允

许误差为_____。

8. 某五色环电阻器,其色环颜色依次为蓝、灰、黑、黑、棕,则其标称阻值与允许误差分别为_____和_____。

9. 电阻器的主要参数有标称阻值、_____和_____。

10. 热敏电阻器按其温度特性可分为_____和_____。

11. 电阻器上标有"7W15ΩJ",则该电阻器的标称阻值为_____,"J"表示允许误差为_____;某贴片电阻器上标有"1502",则该贴片电阻器的标称阻值为_____。

12. 某电位器上标有"104"字样,则该电位器的标称阻值为_____,允许误差为_____。

二、选择题

1. 下列关于电阻率的说法正确的是(　　)。

A. 电阻率与导体的长度有关　　　　　　B. 电阻率与导体的材料有关

C. 电阻率与导体的形状有关　　　　　　D. 电阻率与导体的横截面积有关

2. 1 段导线的电阻是 16 Ω,把它对折起来作为 1 条导线用,电阻是(　　)。

A. 4 Ω　　　　　　B. 8 Ω　　　　　　C. 30 Ω　　　　　　D. 64 Ω

3. 测电动机、电器、电缆等电气设备的绝缘性能,一般用(　　)。

A. 万用表　　　　　B. 单臂电桥　　　　C. 兆欧表　　　　D. 以上均可

4. 若被测电阻的精度要求比较高,一般用(　　)进行测量。

A. 万用表　　　　　B. 单臂电桥　　　　C. 兆欧表　　　　D. 以上均可

5. 识读五色环电阻器的关键是(　　)。

A. 表示允许误差的第 5 条色环与其他 4 条色环相距较远

B. 表示允许误差的第 5 条色环与其他 4 条色环相距较近

C. 表示有效值的第 5 条色环与其他 4 条色环相距较远

D. 表示有效值的第 5 条色环与其他 4 条色环相距较近

6. 电阻值会随着光照强度的变化而变化的电阻器是(　　)。

A. 热敏电阻器　　　　　　　　　　　　B. 力敏电阻器

C. 压敏电阻器　　　　　　　　　　　　D. 光敏电阻器

7. 1 根粗细均匀的电阻丝,剪成 3 根长度相同的电阻丝,并联后测得电阻值为 1 Ω,则该电阻丝剪断前的总电阻为(　　)。

A. 3 Ω　　　　　　B. 6 Ω　　　　　　C. 9 Ω　　　　　　D. 18 Ω

8. 某五色环电阻器的色环按顺序排列分别为"黄、紫、黑、橙、棕",则该电阻器的标称阻值和允许误差分别是(　　)。

A. 470 Ω,±2%　　B. 470 Ω,±1%　　C. 470 kΩ,±2%　　D. 470 kΩ,±1%

9. 某四色环电阻器的色环按顺序排列分别为"绿、棕、棕、金",则该电阻器的标称阻值和允许误差是(　　)。

A. 510 Ω, ±5%　　　　　　　　　B. 510 Ω, ±2%

C. 470 Ω, ±5%　　　　　　　　　D. 470 Ω, ±2%

10. 如图 2-6 所示,电压表内阻 $R_V = 200$ kΩ,电流表内阻 $R_A = 0.5$ Ω,用伏安法测量 $R = 5$ Ω 的电阻时,正确的接法和理由是(　　)。

A. 采用接法 1,电压测量较准确

B. 采用接法 1,电阻测量较准确

C. 采用接法 2,电流测量较准确

D. 采用接法 2,电阻测量较准确

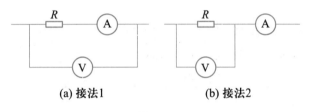

(a) 接法1　　　　　　(b) 接法2

图 2-6

三、简答与计算题

1. 简述使用万用表测量 100 Ω 电阻时的操作步骤与注意事项。

2. PTC 热敏电阻器和 NTC 热敏电阻器分别有哪些主要应用?

3. 一根铜导线长度 $l = 2\ 000$ m,横截面积 $A = 2.5$ mm²,问这根导线的电阻有多大?(已知铜的电阻率 $\rho = 1.75 \times 10^{-8}$ Ω·m)

2.5　部分电路欧姆定律

一、填空题

1. 某电阻两端加 3 V 电压时,通过的电流为 1 A,则该电阻的阻值为_____,当电压改为 6 V 时,电阻的阻值为_____。

2. 某电路两端电压一定,接入 10 Ω 电阻时,通过该导体的电流是 1.2 A,若改接 24 Ω 电阻时,则通过电路的电流为_____。

3. 电阻阻值不随电压、电流变化而改变的电阻称为_____,反之,电阻阻值随电压或电流变化而改变的电阻称为_____。线性电阻的阻值是一个_____,其电压与电流关系符合_____。线性电阻的伏安特性曲线是一条过_____的直线,非线性电阻的伏安特性曲线是一条_____。

4. 压敏电阻器、光敏电阻器是典型的_____电阻。

5. 保持电路两端的电压不变,把 20 Ω 的电阻接在这个电路中时,通过它的电流为 0.5 A,把它更换成 40 Ω 的电阻时,电路中的电流应变为_____A;如果要使电路中的电流变为 0.2 A,则应换成阻值为_____的电阻。

6. 将一段导体的电阻增大 3 Ω 后接在原来的电源上,发现通过该导体的电流为原来的 0.8,则该导体原来的电阻为_____Ω。

二、选择题

1. 对于同一导体而言,$R = \dfrac{U}{I}$ 的物理意义是(　　)。

A. 加在导体两端的电压越大,则电阻越大

B. 导体中的电流越小,则电阻越大

C. 导体的电阻与电压成正比,与电流成反比

D. 导体的电阻等于导体两端的电压与通过的电流之比

2. 某导体两端的电压是 4 V,通过的电流是 0.8 A,如果使导体两端的电压增加到 6 V,那么通过导体的电流是(　　)。

A. 1.2 A　　　　B. 2 A　　　　C. 0.8 A　　　　D. 1.6 A

3. 图 2-7 所示为 2 个电阻的伏安特性曲线,可确定(　　)。

A. $R_a > R_b$　　　　B. $R_a < R_b$

C. $R_a = R_b$　　　　D. $R_a = 1, R_b = 0$

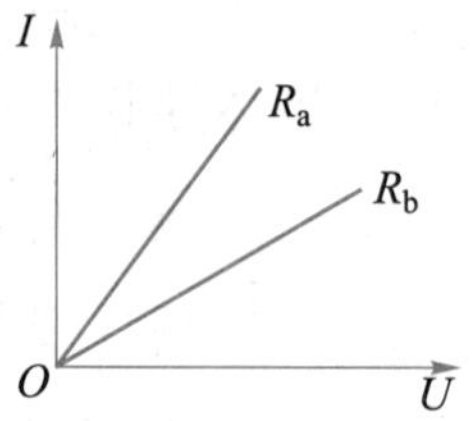

4. 甲、乙电阻的阻值分别为 10 Ω 和 40 Ω,将它们先后接在同一电源上,通过甲的电流为 0.6 A,则通过乙的电流为(　　)。

A. 0.6 A　　　　B. 2.4 A

C. 0.15 A　　　　D. 以上答案均不对

图 2-7

5. 1 段导体两端的电压为 8 V,导体中的电阻为 4 Ω,若将它两端的电压减至 6 V,则导体中的电流变为(　　)。

A. 0.25 A　　　　B. 0.5 A　　　　C. 1.5 A　　　　D. 3 A

6. 图 2-8 所示为某定值电阻的伏安特性曲线,若在电阻的两端加 12 V 的电压,则通过该电阻的电流是(　　)。

A. 6 mA　　　　B. 8 mA

C. 9 mA　　　　D. 12 mA

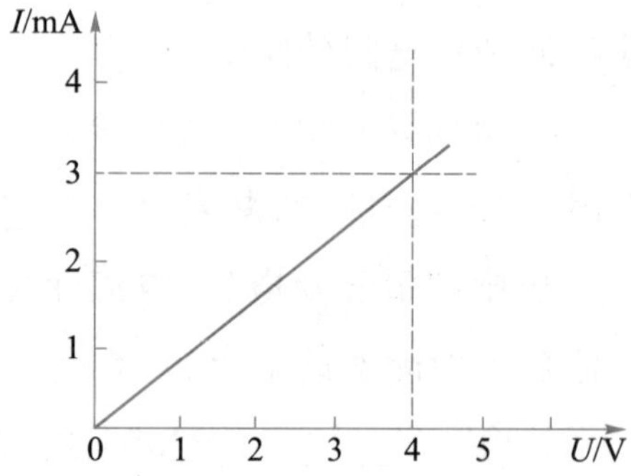

图 2-8

7. 下列 4 种不同负载的伏安特性曲线,适用于欧姆定律的特性曲线是(　　)。

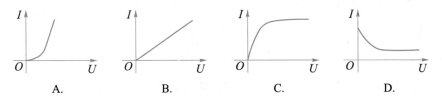

A.   B.   C.   D.

8. 某直流电源内阻忽略不计,其电动势为6 V,最大输出电流为1 A,当接上4 Ω 的电阻后,下面说法正确的是( )。

A. 电路工作正常,电路工作电流为 1.5 A

B. 电路工作不正常,负载因过载可能损坏

C. 电路工作不正常,电源因过载可能损坏

D. 电路工作正常,电路工作电流为 1 A

三、简答与计算题

1. 标明"220 V/25 W"的电烙铁,其正常工作时的额定工作电流为多少? 其电阻为多少?

2. 图 2-9 所示为伏安法测电阻的电路图,已知电压表的读数为 10 V,电流表的读数为 0.1 A。试求:

(1) 电阻 R 的测量值。

(2) 若电压表的内阻为 10 kΩ,则 R 的实际值应为多少?

(3) 分析以上计算结果并回答:若电压表的内阻变小,测量误差将增大还是减小?

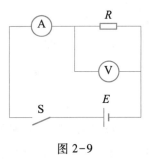

图 2-9

2.6   电能与电功率

一、填空题

1. 电流做功的过程就是将_____能转换成_____能的过程。电流在单位时间内所做的功称为_____。

2. 在国际单位制中,电能的单位是_____。在实际使用中,电能常用_____为单位。1 kW·h=_____J。

3. 在生产和生活中,很多用电器是利用电流的热效应工作的,如_____等。

4. 如果给用电器加上额定电压,则它的功率就是_____,此时用电器正常工作。

5. 计量电能一般用_____,又称_____,俗称_____。

6. 物质在低温下电阻突然消失的现象称为_____。超导体的两个基本性质是_____和_____。

7. 标明"220 V/1 500 W"的电水壶正常工作时电阻丝的阻值为_____。如果把它接在 110 V 的电源上,它实际消耗的功率为_____。

8. 标明"220 V/1 000 W"的电烤箱,正常工作时,其电流为_____,电阻丝阻值为_____,消耗的功率为_____。若连续使用 8 h,所消耗的电能是_____。

9. 标明"10 kΩ,4 W"的电阻器,允许通过的最大电流为_____,其两端允许加的最大电压为_____。

10. 某导体的电阻是 1 Ω,通过它的电流是 1 A,在 1 min 内电流所做的功是_____,它消耗的功率是_____。

11. 标明"100 W/220 V"的电炉,工作电压为 110 V 时,消耗的功率为 $P=$_____。

二、选择题

1. 某直流电动机,工作时消耗的功率为 2.8 kW,每天工作 6 h,30 天消耗的电能为(   )。

A. 30 kW·h   B. 60 kW·h   C. 180 kW·h   D. 504 kW·h

2. 标明"220 V/60 W"的用电器,接入电压为 180 V 的电路中,其实际消耗的功率(   )。

A. 等于 60 W   B. 大于 60 W   C. 小于 60 W   D. 无法确定

3. 标明"12 V/6 W"的用电器接入 6 V 电路中,通过用电器的实际电流是(   )。

A. 1 A   B. 0.5 A   C. 0.25 A   D. 2 A

4. 以下说法不正确的是(   )。

A. 电炉是根据电流的热效应制成的

B. 电流的热效应也有不利的一面

C. 额定值就是保证电气设备能长期安全工作所允许的最大值

D. 用电器的额定功率一定等于其消耗的实际功率

5. 图 2-10 所示为某电阻器额定功率的图形符号,该电阻器的额定功率是(   )。

图 2-10

A. 0.125 W   B. 0.25 W   C. 0.5 W   D. 1 W

6. 标明"10 Ω/2 W"的电阻器连接到电压 1.5 V 的直流电源上,则对于实际流过电阻器的电流 I 和电阻器的电功率 P,下面结论正确的是(   )。

A. $I=0.15$ A,$P<2$ W   B. $I=0.15$ A,$P>2$ W

C. $I=0.2$ A,$P=2$ W   D. $I=0.15$ A,$P=2$ W

7. 因节能环保需要,某单位用 100 盏 15 W 的 LED 灯替换同数量 100 W 的白炽灯,以每天使用 8 h 计,一个月(30 天)可以节电(   )。

A. 360 kW·h   B. 1 020 kW·h   C. 2 040 kW·h   D. 2 400 kW·h

8. 某大楼照明灯节能改造后,总功率从 20 kW 降为 4 kW,若按每月 200 h 用电时间计算,每月可以减少用电(   )。

A. $8.0×10^2$ kW·h

B. $4.0×10^3$ kW·h

C. $3.2×10^3$ kW·h

D. $3.2×10^6$ kW·h

三、简答与计算题

1. 标明"220 V/1 000 W"的电饭煲。求:(1)电饭煲正常工作时的电流为多少?(2)电饭煲的电阻为多少?(3)如果平均每天使用电饭煲 2 h,则一个月(30 天)消耗的电能为多少?

2. 某电阻的阻值为 10 Ω,通过该电阻的电流为 100 mA,那么在 30 s 的时间内电流产生的热量是多少?

3. 某学校教学楼照明原来用功率为 40 W 的荧光灯 200 盏,现改用功率为 10 W 的 LED 灯 200 盏,如果每天使用 4 h,一年(按 200 天计)可以节约多少电能?

4. 简述额定功率与实际功率之间的联系与区别。

综合测试

一、是非题

1. 电流的实际方向与参考方向一致。　　　　　　　　　　　　　　　　　　(   )

2. 短路时通过电路的电流很大。　　　　　　　　　　　　　　　　　　　　(   )

3. 功率大的用电器需要的电压一定大。　　　　　　　　　　　　　　　　　(   )

4. 当电源开路时,电源端电压等于零。　　　　　　　　　　　　　　　　　(   )

5. 伏安法测电阻通常有两种方法,即内接法和外接法。　　　　　　　　　　(   )

6. 某四色环电阻器,色环按顺序排列分别为绿、蓝、橙、金色,则该电阻器的标称阻值为 56 kΩ,允许误差为±1%。　　　　　　　　　　　　　　　　　　　　　　(   )

7. 如果电路中选择的参考点改变,则各点的电位也将改变。　　　　　　　　(   )

8. 一般金属导体具有正温度系数,当环境温度升高时,电阻值将增大。　　　(   )

9. 电路图通常包括原理图、方框图和装配图等。　　　　　　　　　　　　　(   )

10. 若电位器表面标注有"105"字样,则该电位器的标称阻值为 10 kΩ。　　(   )

二、填空题

1. 完整的电路至少包含_____、_____、_____和_____四部分。负载的作用是_____。

2. 规定_____为电流的方向。测量直流电流一般用_____,也可用万用表的_____进行测量。

3. 电压是两点之间的_____。测量直流电压一般用_____,也可用万用表的_____进行测量。

4. 电位是电路中某点与_____之间的电压。电位的高低与参考点的选择_____,通常规定参考点的电位为_____。

5. 在 2 min 的时间内,通过导体横截面的电荷量为 24 C,则通过导体的电流大小为_____A。若此时导体两端电压是 4 V,则该导体的电阻为_____。

6. 金属膜电阻器一般为五环,允许误差为_____;碳膜电阻器一般为四环,允许误差为_____。

7. 标明"220 V/100 W"的电阻器的阻值是_____,正常工作时通过电阻器的电流为_____。

8. 万用表使用完毕后,一般应把转换开关旋至_____挡或_____挡。

9. 当负载被短路时,负载上的电压为_____,电流为_____,功率为_____。

10. 标明"100 Ω/1 W"的电阻器,允许通过的最大电流是_____,允许加在其两端的最大电压是_____。

11. 电能表的铭牌上通常标明"5(10)A",这表示电能表的额定电流为_____A,允许使用的最大电流为_____A。

12. 标明"220 V/750 W"的电熨斗,正常工作时,其电流为_____,电熨斗电阻为_____,消耗的功率为_____。若连续使用 5 h,所消耗的电能是_____。

13. 在图 2-11 所示电路中,$R_1 = 5\ \Omega$,$R_2 = 2\ \Omega$,$R_3 = 3\ \Omega$。A 点电位是_____。

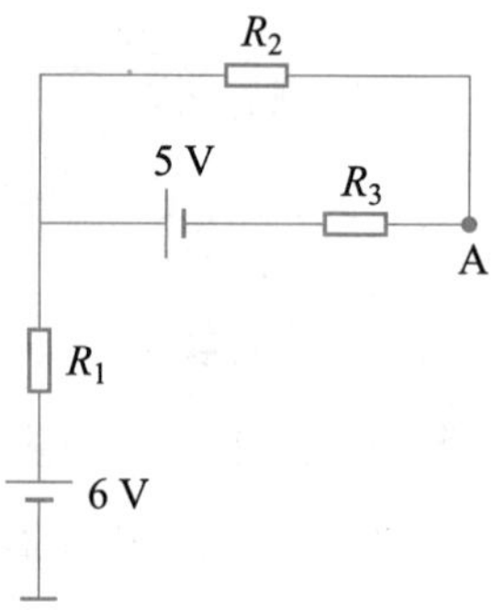

图 2-11

三、选择题

1. 有 1 根阻值为 1 Ω 的电阻丝,将它均匀拉长至原来的 3 倍,则拉长后的电阻丝的阻值为(   )。

A. 1 Ω   B. 3 Ω   C. 6 Ω   D. 9 Ω

2. 某电阻两端加 15 V 电压时,通过 3 A 的电流,若在电阻两端加 18 V 电压时,通过它的电流为(   )。

A. 1 A   B. 3 A   C. 3.6 A   D. 5 A

3. A 灯为"6 V/12 W",B 灯为"9 V/12 W",C 灯为"12 V/12 W",它们都在各自的额定电压下工作,以下说法正确的是(   )。

A. 3 盏灯一样亮   B. 3 盏灯的电阻相同

C. 3 盏灯的电流相同   D. C 灯最亮

4. 标明"220 V/25 W"的电烙铁正常工作(   ),消耗的电能为 1 kW·h。

A. 20 h   B. 40 h   C. 45 h   D. 25 h

5. 某电阻元件,当其电流减为原来的一半时,其功率为原来的(　　)。

A. 1/2   B. 2 倍   C. 1/4   D. 4 倍

6. 使用万用表测直流电压时,万用表的挡位应选择(　　)。

A. 电阻挡   B. 直流电压挡   C. 直流电流挡   D. 交流电压挡

7. 使用电流表测直流电流时,以下说法不正确的是(　　)。

A. 电流表必须串联在被测电路中

B. 电流表的正接线柱接高电位端,负接线柱接低电位端

C. 电流从电流表的负端流进,正端流出

D. 电流表量程的选择应尽可能使指针指在满量程的 $\frac{1}{2} \sim \frac{2}{3}$ 范围内

8. 标明"220 V/1 000 W"的电吹风,当其两端加 180 V 电压时,其消耗的实际功率(　　)。

A. 等于 1 000 W   B. 大于 1 000 W   C. 小于 1 000 W   D. 不能确定

9. 某五色环电阻器,其色环依次为橙、橙、黑、棕、棕,则其标称阻值和允许误差分别为(　　)。

A. 33 Ω,±1%   B. 33 kΩ,±1%   C. 3.3 kΩ,±1%   D. 330 Ω,±1%

10. 用万用表测得电路端电压为 0,这说明(　　)。

A. 外电路断路   B. 外电路短路

C. 外电路上的电阻比较小   D. 电源的内电阻为零

11. 在图 2-12 所示电路中,设 C 点电位 $V_C = 2$ V,则(　　)。

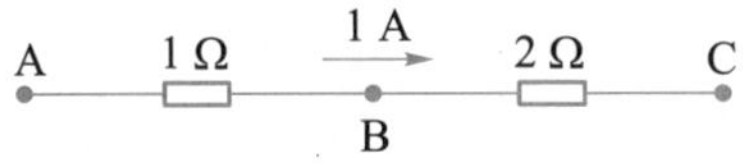

A. $V_A = 3$ V   B. $V_A = 4$ V

C. $V_A = 5$ V   D. $V_A = 6$ V

图 2-12

12. 在一个直流电源和一个电阻组成的闭合电路中,关于电流流向说法正确的是(　　)。

A. 外电路电流是从低电位流向高电位,内电路电流是从高电位流向低电位

B. 外电路电流是从高电位流向低电位,内电路电流是从低电位流向高电位

C. 电流总是从高电位流向低电位

D. 电流总是从低电位流向高电位

13. 关于电流和电压方向规定,下面说法正确的是(　　)。

A. 电流方向规定为正电荷定向移动的方向,电压方向规定为由高电位指向低电位

B. 电流方向规定为电子定向移动的方向,电压方向规定为由高电位指向低电位

C. 电流方向规定为正电荷定向移动的方向,电压方向规定为由低电位指向高电位

D. 电流方向规定为电荷定向移动的方向,电压方向规定为由高电位指向低电位

14. 在图 2-13 所示电路中,闭合开关 S,发现灯没有正常发光,用电压表测量电阻两端的电压不为零。造成故障的原因可能是( )。

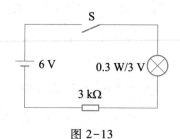

图 2-13

A. 开关 S 断路未接通

B. 灯两端未加额定电压

C. 灯额定功率太小

D. 灯断路

四、简答与计算题

1. 1 根铜导线长度 $l=10$ m,横截面积 $A=1.5$ mm²,这根导线的电阻有多大?(已知铜的电阻率 $\rho=1.75\times10^{-8}$ Ω·m)

2. 标明"220 V/2 000 W"的电热器。求:(1)电热器正常工作时的电流为多少?(2)电热器的热态电阻为多少?(3)如果平均每天使用 3 h,则一个月(30 天)消耗的电能为多少?

3. 图 2-14 所示为某定值电阻的伏安特性曲线,若在电阻的两端加 12 V 的电压,则通过该电阻的电流是多少?

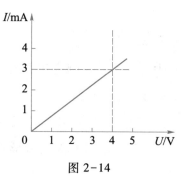

图 2-14

4. 简述使用万用表测量交流 220 V 电压时的操作过程和注意事项。

直流电路 ——

　　本单元学习闭合电路欧姆定律,负载获得最大功率的条件,电阻的串联、并联及混联电路的分析,基尔霍夫电流与电压定律,电源的等效变换,戴维宁定理及叠加定理等常见的电路分析方法。同时,还学习电阻性电路的搭接与测试、电阻性电路故障的检查等实践技能。

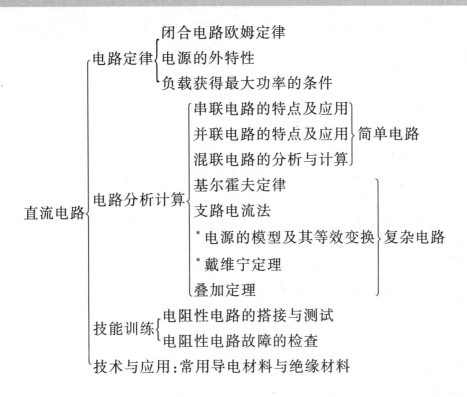

直流电路
- 电路定律
  - 闭合电路欧姆定律
  - 电源的外特性
  - 负载获得最大功率的条件
- 电路分析计算
  - 串联电路的特点及应用 ⎱
  - 并联电路的特点及应用 ⎰ 简单电路
  - 混联电路的分析与计算
  - 基尔霍夫定律
  - 支路电流法
  - *电源的模型及其等效变换 ⎱ 复杂电路
  - *戴维宁定理
  - 叠加定理
- 技能训练
  - 电阻性电路的搭接与测试
  - 电阻性电路故障的检查
- 技术与应用:常用导电材料与绝缘材料

学法指导

　　本单元的学习内容主要包括电路定律、电路分析计算、技能训练及技术与应用四个方面。学习中,可结合生产生活实例,加深对电路定律与电路分析计算的理解;学习过程中,应侧重于简单直流电路与复杂直流电路分析方法的学习,会比较串联电路与并联电路的不同特点;可通过分析电路的不同结构与特点,学会选择不同的方法求解复杂电路;可通过实训,掌握"电阻性电路的搭接与测试"及"电阻性电路故障的检查"的方法与具体操作步骤;可通过阅读"技术与应用",了解常用导电材料与绝缘材料及其特性。

要点提示

一、电路定律

1. 闭合电路欧姆定律

闭合电路中的电流 I,与电源电动势成正比,与电路的总电阻成反比,这就是闭合电路欧姆定律,即

$$I = \frac{E}{r+R}$$

闭合电路分为两部分,外电路和内电路。$IR = U$ 是外电路上的电压降,也称电源端电压,$Ir = U_0$ 是内电路上的电压降,也称内压降。电源的电动势等于内、外电路电压降之和,即 $E = U + U_0$。

2. 电源的外特性

在闭合电路中,电源端电压随负载电流变化的规律,称为电源的外特性。电源端电压 U 会随着外电路上负载电阻 R 的改变而改变。其变化规律为:

$$R \uparrow \rightarrow I = \frac{E}{r+R} \downarrow \rightarrow U_0 = Ir \downarrow \rightarrow U = E - Ir \uparrow \quad 特例:开路时(R = \infty),I = 0,U = E$$

$$R \downarrow \rightarrow I = \frac{E}{r+R} \uparrow \rightarrow U_0 = Ir \uparrow \rightarrow U = E - Ir \downarrow \quad 特例:短路时(R = 0),I = \frac{E}{r},U = 0$$

3. 负载获得最大功率的条件

负载电阻等于电源内阻时,负载能够从电源中获得最大功率,即 $R = r$ 时,有

$$P_{\max} = \frac{E^2}{4r}$$

当负载获得最大功率时,电源的效率不高,只有 50%。在电子技术中,有些电路主要考虑负载获得最大功率,效率高低是次要问题,因而电路总是工作在 $R = r$ 附近,这种工作状态称为"阻抗匹配状态"。而在电力系统中,希望尽可能减少内部损失,提高供电效率,故要求 $R \gg r$。

二、电路分析计算

1. 电阻的串、并联

电阻串、并联电路的特点见表 3-1。

表 3-1　电阻串、并联电路的特点

比 较 项 目	串 联 电 路	并 联 电 路
电流	$I = I_1 = I_2 = I_3 = \cdots = I_n$	$I = I_1 + I_2 + I_3 + \cdots + I_n$ 两个电阻并联时的分流公式为 $I_1 = \frac{R_2}{R_1 + R_2}I, I_2 = \frac{R_1}{R_1 + R_2}I$
电压	$U = U_1 + U_2 + U_3 + \cdots + U_n$ 两个电阻串联时的分压公式为 $U_1 = \frac{R_1}{R_1 + R_2}U, U_2 = \frac{R_2}{R_1 + R_2}U$	$U = U_1 = U_2 = U_3 = \cdots = U_n$

比 较 项 目	串 联 电 路	并 联 电 路
电阻	$R = R_1 + R_2 + R_3 + \cdots + R_n$ 当 n 个阻值为 R 的电阻串联时 $R_{总} = nR$	$\dfrac{1}{R} = \dfrac{1}{R_1} + \dfrac{1}{R_2} + \dfrac{1}{R_3} + \cdots + \dfrac{1}{R_n}$ 当 n 个阻值为 R 的电阻并联时 $R_{总} = \dfrac{R}{n}$
电功率	功率分配与电阻成正比 $\dfrac{P_1}{P_2} = \dfrac{R_1}{R_2}$	功率分配与电阻成反比 $\dfrac{P_1}{P_2} = \dfrac{R_2}{R_1}$

电阻串联电路主要应用于限流和分压两种情况;电阻并联电路主要应用于分流。各种照明电路、家用电器都采用并联。

2. 电阻的混联

在实际电路中,既有电阻串联又有电阻并联的电路,称为混联电路。

(1)混联电路的一般分析步骤如下:

① 求混联电路的等效电阻。

② 求混联电路的总电流。

③ 求各部分的电压、电流和功率。

(2)混联电路的等效变换通常采用等电位法,等电位法的一般分析步骤如下:

① 确定等电位点,标出相应的符号。导线的电阻和理想电流表的电阻可忽略不计,可以认为导线和电流表连接的两点是等电位点。

② 画出串、并联关系清晰的等效电路图。根据等电位点,从电路的一端画到另一端,一般先确定电阻最少的支路,再确定电阻次少的支路。

③ 求解等效电阻。根据电阻串、并联的关系求出等效电阻。

3. 基尔霍夫定律

(1)节点电流定律(基尔霍夫第一定律):对电路中的任意一个节点,在任一时刻,流入节点的电流之和等于流出节点的电流之和,即

$$\sum I_{入} = \sum I_{出}$$

节点电流定律可以推广应用于任意封闭电路。

注意:列节点电流方程时,首先假定未知电流的参考方向,如果计算结果为正值,说明该支路电流的实际方向与参考方向相同;如果计算结果为负值,说明该支路电流的实际方向与参考方向相反。

（2）回路电压定律（基尔霍夫第二定律）：对电路中的任一闭合回路，沿回路绕行方向上各段电压的代数和等于零，即

$$\sum U = 0$$

基尔霍夫第二定律不仅适用于闭合回路，也可推广应用于不闭合的假想回路。

运用公式 $\sum U = 0$ 列方程的一般步骤：

① 任意选定各支路未知电流的参考方向。

② 任意选定回路的绕行方向（顺时针或逆时针），以公式中少出现负号为宜。

③ 确定电阻上电压降的正负号。当选定的绕行方向与电流参考方向一致时，电阻上电压降取正值，反之取负值。

④ 确定电源电动势的正负号。当选定的绕行方向为从电源的"＋"极性到"－"极性时，电动势取正值，反之取负值。

4. 支路电流法

不论简单的电路还是复杂的电路，基尔霍夫定律都适用，对于复杂电路可以采用支路电流法求解。

对于一个复杂电路，先假设各支路的电流方向和回路方向，再根据基尔霍夫定律列出方程式求解支路电流的方法称为支路电流法，其步骤如下：

（1）假定各支路电流的方向和回路方向，回路方向可以任意假设，对于具有两个以上电动势的回路，通常取值较大的电动势的方向为回路方向，电流方向也可参照此法来假设。

（2）用基尔霍夫电流定律列出节点电流方程式。一个具有 b 条支路、n 个节点（$b>n$）的复杂电路，需列出 b 个方程式来联立求解。由于 n 个节点只能列出 $n-1$ 个独立方程式，这样还缺 $b-(n-1)$ 个方程式，可由基尔霍夫电压定律来补足。

（3）用基尔霍夫电压定律列出回路电压方程式。

（4）代入已知数，解联立方程式，求出各支路的电流。

（5）确定各支路电流的实际方向。当支路电流计算结果为正值时，其方向和假设方向相同；当计算结果为负值时，其方向和假设方向相反。

*5. 电源的模型及其等效变换

实际电源有两种模型：一种是理想电压源与电阻串联组合，为电路提供一定电压的电源称为电压源；另一种是理想电流源与电阻并联组合，为电路提供一定电流的电源称为电流源。

实际的电压源与电流源之间可以进行等效变换，等效变换关系式为

$$I_{\mathrm{S}} = \frac{E}{r}, \quad E = rI_{\mathrm{S}}$$

应用式 $I_S = \dfrac{E}{r}$ 可将电压源等效变换成电流源,内阻 r 阻值不变,并将其改为并联;应用式 $E = rI_S$ 可将电流源等效变换成电压源,内阻 r 阻值不变,并将其改为串联。

实际中,通常运用电压源与电流源等效变换的方法,把多电源的复杂电路等效变换成单电源的简单电路,然后再进行求解。

*6. 戴维宁定理

戴维宁定理是计算复杂电路常用的一个定理,适用于求电路中某一支路的电流。它的内容是:任何一个线性有源二端网络,对外电路而言,可以用一个等效电压源来代替。电压源的电动势等于网络的开路电压,电压源的内阻等于有源二端网络中所有电源不作用,仅保留内阻时,网络两端的等效电阻。

戴维宁定理中的"所有电源不作用",是指把所有电压源进行短路处理,所有电流源进行开路处理,且均保留其内阻。

7. 叠加定理

（1）叠加定理内容

叠加定理是线性电路普遍适用的重要定理,它的内容是:由线性电阻和多个电源组成的线性电路中,任何一个支路中的电流（或电压）等于各电源单独作用时,在此支路中所产生的电流（或电压）的代数和。

运用叠加定理求解复杂电路的总体思路:把一个复杂电路分解成几个简单电路进行求解,然后将计算结果进行叠加,求得原来电路中的电流（或电压）。当假设其中一个电源单独作用时,要保持电路中的所有电阻（包括电源内阻）不变,其余电源不起作用,即把电压源进行短路处理,电流源进行开路处理,并保留其内阻。

（2）叠加定理解题的一般步骤

① 在原电路中标出各支路电流的参考方向。

② 分别求出各电源单独作用时各支路电流的大小和实际方向。

③ 对各支路电流进行叠加,求出最后结果。

三、技能训练

1. 电阻性电路的搭接与测试。掌握色环电阻器的识读与检测;学会根据原理图在面包板或 PCB 上搭接电路;掌握万用表测直流电压与电流的方法与步骤,并能正确读数。

2. 电阻性电路故障的检查。主要学会电路中"断路故障"与"短路故障"的检查与测试。当电路发生"断路故障"时,通过断路处的电流为 0;当电路发生"短路故障"时,短路处的电位处处相等。

在使用万用表的电阻挡测电路中的某部分电阻时,必须要先切断电源。

四、技术与应用

1. 常用导电材料

常用导电材料是指专门用于传导电流的金属材料。当前最常用的导电材料是铜和铝，主要用于制造电线电缆，常用于裸导线、绝缘导线、电磁线和电力电缆等。

2. 绝缘材料

绝缘材料主要用于隔离带电导体或不同电位的导体，以保障人身和设备的安全。此外，在电气设备上还可用于机械支撑、固定、灭弧、散热、防潮、防霉、防虫、防辐射、耐化学腐蚀等场合。常用绝缘材料有绝缘漆和绝缘胶类、塑料制品、电瓷制品、橡胶制品、层压制品、绝缘油、绝缘包带等。

典题解析

【例1】 在图 3-1 所示电路中，已知电源电动势 E 为 12 V，内电阻 r 为 0.6 Ω，外电路有 3 个电阻，R_1 为 3 Ω，R_2 为 4 Ω，R_3 为 6 Ω。求：（1）开关 S 闭合后，电流表的读数为多大？R_2 两端的电压为多大？R_3 消耗的功率是多少？（2）开关 S 从闭合变为断开后，电流表的读数如何变化？R_2 两端的电压又如何变化？

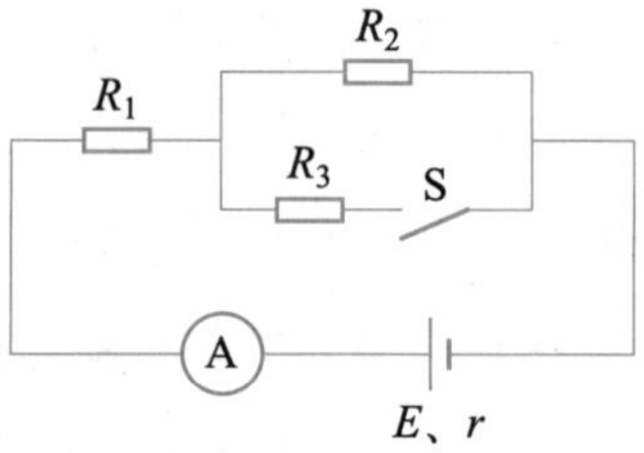

图 3-1

解：

（1）开关 S 闭合后，电阻 R_1、R_2、R_3 之间的关系是：R_2 与 R_3 并联，再与 R_1 串联。

电路的总电阻
$$R = R_1 + R_2 /\!/ R_3 + r = \left(3 + \frac{4 \times 6}{4 + 6} + 0.6\right) \Omega$$
$$= (3 + 2.4 + 0.6)\ \Omega = 6\ \Omega$$

电路的总电流　$I = \dfrac{E}{R} = \dfrac{12}{6}\ A = 2\ A$

则电流表的读数为 2 A。

R_2 两端的电压　$U_2 = E - I(R_1 + r) = [12 - 2 \times (3 + 0.6)]\ V = 4.8\ V$

R_3 消耗的功率　$P_3 = \dfrac{U_3^2}{R_3} = \dfrac{U_2^2}{R_3} = \dfrac{4.8^2}{6}\ W = 3.84\ W$

（2）开关 S 从闭合变为断开后，电阻 R_1、R_2、R_3 之间的连接关系是 R_1 与 R_2 串联。

电路的总电阻　$R' = R_1 + R_2 + r = (3 + 4 + 0.6)\ \Omega = 7.6\ \Omega$

电路的总电流　$I' = \dfrac{E}{R'} = \dfrac{12}{7.6}\ A \approx 1.58\ A$

R_2 两端的电压　　$U_2' = E - I'(R_1 + r) = [12 - 1.58 \times (3 + 0.6)]$ V ≈ 6.3 V

因此,开关 S 从闭合变为断开后,电流表的读数变小,R_2 两端的电压变大。

评析:分析此电路时,首先要明确开关 S 闭合与断开时,R_1、R_2、R_3 之间的连接关系,特别要注意 S 断开时,电阻 R_3 未接入电路中。另外,在分析电路时要熟悉电阻串、并联电路的特点。

【例 2】　在图 3-2 所示电路中,已知各电阻均为 10 Ω,分别求开关 S 打开和闭合时电路的等效电阻 R_{AB}。

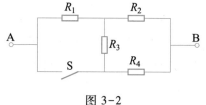

图 3-2

解:

(1) 开关 S 打开时,其等效电路如图 3-3(a) 所示,R_1、R_2、R_3、R_4 之间的连接关系是:R_3 与 R_4 串联后与 R_2 并联,再与 R_1 串联。此时,电路的等效电阻计算如下:

$$R_{34} = R_3 + R_4 = (10 + 10) \ \Omega = 20 \ \Omega$$

$$R_{234} = \frac{R_2 R_{34}}{R_2 + R_{34}} = \frac{10 \times 20}{10 + 20} \ \Omega = \frac{200}{30} \ \Omega \approx 6.7 \ \Omega$$

$$R_{AB} = R_1 + R_{234} = (10 + 6.7) \ \Omega = 16.7 \ \Omega$$

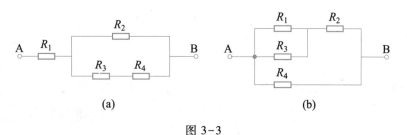

(a)　　　　　　　　　　　　(b)

图 3-3

(2) 开关 S 闭合时,其等效电路如图 3-3(b) 所示,R_1、R_2、R_3、R_4 之间的连接关系是:R_1 与 R_3 并联后与 R_2 串联,其后再与 R_4 并联。此时,电路的等效电阻计算如下:

$$R_{13} = \frac{R_1 R_3}{R_1 + R_3} = \frac{10 \times 10}{10 + 10} \ \Omega = 5 \ \Omega$$

$$R_{123} = R_2 + R_{13} = (10 + 5) \ \Omega = 15 \ \Omega$$

$$R_{AB} = \frac{R_{123} R_4}{R_{123} + R_4} = \frac{15 \times 10}{15 + 10} \ \Omega = \frac{150}{25} \ \Omega = 6 \ \Omega$$

评析:求解混联电路的等效电阻时,可利用等电位法,先确定等电位点,再确定电路中各电阻之间的连接关系,最后求出等效电阻。

3.1 闭合电路欧姆定律

一、填空题

1. 闭合电路由两部分组成,一部分是_____,另一部分是_____。外电路中的电阻称为_____,内电路中的电阻称为_____。

2. 由闭合电路欧姆定律可知,电路中的电流 I 与电源电动势成_____比,与电路的总电阻成_____比,这就是闭合电路欧姆定律,用公式表示为_____。

3. 负载上的电压等于电源的_____,也等于电源的电动势减去电源的_____,即 $U=$_____。

4. 电源电动势 E 不随外电阻 R 的改变而改变,但电源的端电压 U 却会随外电阻 R 的改变而改变。当外电阻 R 增大时,端电压 U 将_____;当外电阻 R 减小时,端电压 U 将_____。

5. 电源端电压随负载电流变化的规律称为_____。当 $I=0$ 时,电源的端电压最大,等于_____,即 $U=$_____。

6. 某闭合电路,已知电源电动势 $E=12$ V,内阻 $r=0.5$ Ω,负载电阻 $R=5.5$ Ω,则通过电路的电流 $I=$_____,负载两端的电压为_____。负载短路时,通过电路的电流为_____,负载两端的电压为_____。负载开路时,通过电路的电流为_____,负载两端的电压为_____。

7. 有 5 个相同的蓄电池,每个电池的电动势均为 2 V,内阻均为 0.1 Ω,串联后与 $R=4.5$ Ω 的负载电阻相连,则流过电阻 R 的电流为_____,R 两端的电压为_____,消耗的功率为_____。

二、选择题

1. 用旧的电池给手电筒供电,手电筒不亮的主要原因是电池的(   )。

A. 电动势变小   B. 内阻增大   C. 内阻减小   D. 电动势变大

2. 在闭合电路中,端电压的高低随着负载电流的增大而(   )。

A. 减小   B. 增大   C. 不变   D. 无法判断

3. 用电压表测得电源端电压为电源的电动势 E,这说明(   )。

A. 外电路断路   B. 外电路短路   C. 电源内阻为零   D. 无法判断

4. 用电压表测得电源端电压为零,这说明(   )。

A. 外电路断路   B. 外电路短路

C. 电源内阻为零   D. 无法判断

三、计算题

1. 某电源电动势为 220 V，内阻 $r = 10\ \Omega$，外接负载 $R = 100\ \Omega$。求：（1）电路中的电流；（2）电源端电压；（3）负载上的电压降；（4）电源内阻上的电压降。

2. 某直流电源，开路时测得其端电压为 6 V，短接时测得其短路电流为 30 A，则该电源的电动势 E 和内阻 r 分别为多少？

3. 某太阳能电池板，测得它的开路电压为 800 mV，短路电流为 40 mA。若将该电池板与阻值为 20 Ω 的电阻器连成一闭合电路，则该电池板两端的电压是多少？

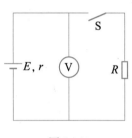

图 3-4

4. 图 3-4 所示的电路是测定电源电动势 E 和内阻 r 的电路，若 $R = 10\ \Omega$，当合上开关 S 时，电压表的读数为 48 V；当断开开关 S 时，电压表的读数为 50.4 V，求电源电动势 E 和内阻 r。

3.2　负载获得最大功率的条件

一、填空题

1. 当负载获得最大功率时，由于 $R = r$，所以负载上和内阻上消耗的功率_____，这时电源的效率不高，只有_____。

2. 在电子技术中，有些电路主要考虑_____，_____高低是次要问题，因而电路总是工作在_____附近，这种工作状态一般称为_____。

3. 在电力系统中，希望尽可能减少内部损失，提高供电_____，故要求_____。

二、选择题

1. 如图 3-5 所示，要使 R_2 获得最大功率，R_2 的值应等于

（　　）。

A. r B. R_1

C. $R_1 + r$ D. $R_1 - r$

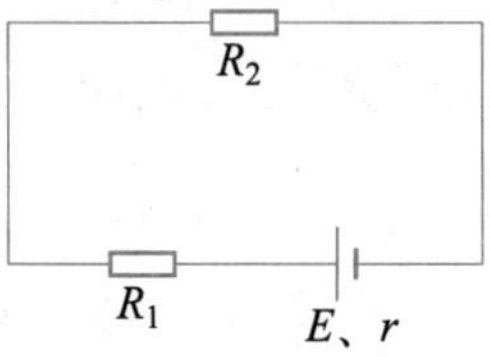

图 3-5

2. 上题中，已知电源电动势 $E = 12$ V，内阻 $r = 0.9\ \Omega$，$R_2 = 5.1\ \Omega$，当负载电阻 R_1 为

（　　）时，R_1 才能从电源中获得最大功率。

A. 0.9 Ω B. 5.1 Ω

C. 4.2 Ω D. 6 Ω

三、计算题

在图 3-6 所示电路中,电源电动势 $E = 9$ V,内阻 $r = 1$ Ω。定值电阻 $R_1 = 2$ Ω,可变电阻 R_P 的变化范围是 0~25 Ω,在不改变电路结构的情况下,求:

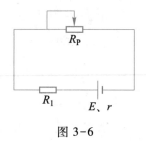

图 3-6

(1) R_P 为多大时,R_1 上消耗的功率最大?最大功率为多少?

(2) R_P 为多大时,R_P 上消耗的功率最大?最大功率为多少?

3.3 电阻串联电路

一、填空题

1. 把 5 个 10 Ω 的电阻串联起来,其等效电阻为_____。

2. 2 Ω 电阻和 3 Ω 电阻串联,已知 2 Ω 电阻两端电压是 4 V,则 3 Ω 电阻两端电压是_____,通过 3 Ω 电阻的电流是_____。

3. 有电阻 R_1 和 R_2,已知 $R_2 = 4R_1$,若它们串联在电路中,则电阻两端的电压之比 $U_1 : U_2 = $_____,流过电阻的电流之比 $I_1 : I_2 = $_____,它们消耗的功率之比 $P_1 : P_2 = $_____。

4. 在电工测量中,广泛应用_____方法扩大电压表的量程。

5. 阻值为 10 Ω 的小电铃与阻值为 2 Ω 的定值电阻串联后接在 6 V 的电源上,小电铃刚好正常工作,则小电铃正常工作时两端的电压为_____V。

6. 已知电阻 $R_1 = 5$ Ω,$R_2 = 10$ Ω,把 R_1、R_2 串联起来,并在其两端加 15V 电压,此时 R_1 所消耗的功率是_____。

7. 在电工测量中,当电压表的量程低于被测量的电压时,可以采用_____(填"串联"或"并联")电阻的方法来扩大电压表的量程。

二、选择题

1. 在图 3-7 所示电路中,开关 S 闭合与断开时,电阻 R 上流过的电流之比为 4 : 1,则 R 的阻值为(   )。

A. 40 Ω   B. 20 Ω

C. 60 Ω   D. 80 Ω

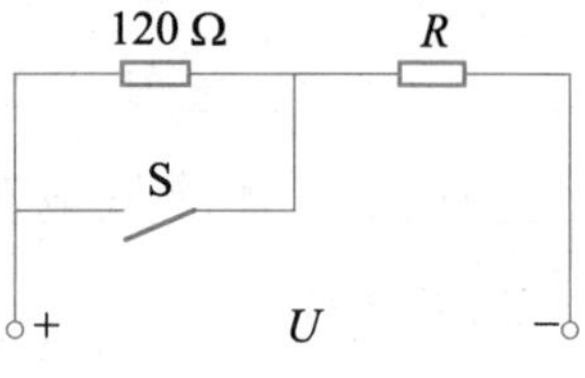

图 3-7

2. 标明"100 Ω/40 W"和"100 Ω/25 W"的 2 个电阻串联时允许加的最大电压是(   )。

A. 40 V   B. 70 V

C. 140 V
D. 100 V

3. 把标明"1.5 V/2 A"的灯接到 3 V 的电源上,要使灯正常发光,应串联分压电阻,则分压电阻的大小为(   )。

A. 1.5 Ω   B. 0.75 Ω   C. 3 Ω   D. 4.5 Ω

4. 在图 3-8 所示电路中,若要使两灯串联,应闭合开关(   )。

A. S_1

B. S_2

C. S_3

D. S_1 与 S_2

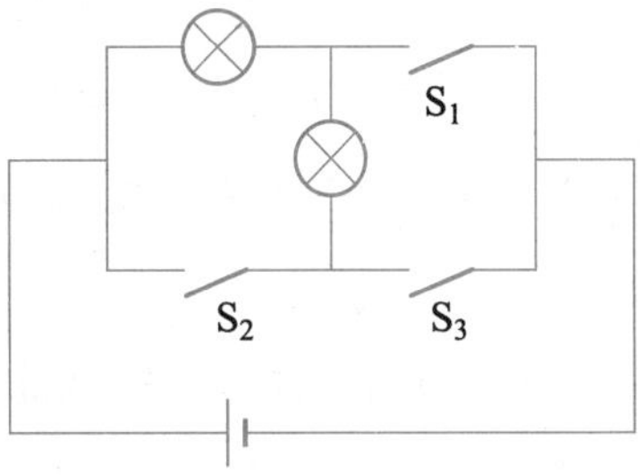

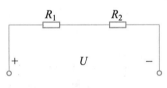

图 3-8

5. 标明"100 Ω/4 W"和"100 Ω/25 W"的 2 个电阻串联时,允许通过的最大电流是(   )。

A. 0.2 A

B. 0.5 A

C. 0.3 A

D. 0.8 A

6. 几个不等值的电阻串联,则(   )

A. 电阻大的端电压小

B. 电阻小的端电压大

C. 电阻小的端电压小

D. 各电阻的电压相等

7. 在图 3-9 所示电路中,电路两端所加电压 U 不变,已知 $R_1=R_2$,如果电阻 R_1 突然短路,下面说法正确的是(   )。

A. 电阻 R_2 两端电压不变,电流增加一倍

B. 电阻 R_2 两端电压增加一倍,电流也增加一倍

C. 电阻 R_2 两端电压增加一倍,电流不变

D. 电阻 R_2 两端电压不变,电流也不变

图 3-9

8. 图 3-10(a)所示电路开关 S 断开前后的伏安特性曲线如图 3-10(b)所示,当开关 S 断开后,串联电路等效电阻是(   )。

A. 10 Ω   B. 15 Ω   C. 20 Ω   D. 25 Ω

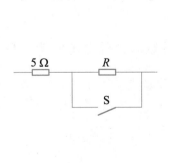

(a)

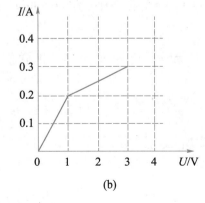

(b)

图 3-10

三、简答与计算题

1. 电阻的串联主要应用在哪些方面？

2. 已知 $R_1 = 4\ \Omega$，$R_2 = 6\ \Omega$，现把 R_1、R_2 串联后接入 6 V 的电源中。求：（1）电路的总电阻 R；（2）电路中的电流 I；（3）R_1、R_2 两端的电压 U_1 与 U_2；（4）R_2 消耗的功率 P_2。

3. 在图 3-11 所示电路中，表头内阻 $R_g = 1\ \text{k}\Omega$，满偏电流 $I_g = 100\ \mu\text{A}$，若要改装成量程为 12 V 的电压表，应串联多大的电阻？

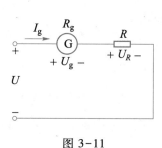

图 3-11

4. 将 40 Ω 的电阻 R_1 和未知电阻 R_2 串联接在 12 V 的电源上，测得流过的电流为 0.2 A。求：（1）R_2 两端的电压；（2）R_2 的阻值。

5. 某电子门铃正常工作时的电压为 6 V，电流为 0.3 A，将它与定值电阻串联接在 9 V 的电源上，恰好能正常工作。求：（1）定值电阻两端的电压；（2）定值电阻的阻值。

3.4　电阻并联电路

一、填空题

1. 把 5 个 10 Ω 的电阻并联起来，其等效电阻为_____。

2. 2 Ω 电阻和 3 Ω 电阻并联，已知通过 2 Ω 电阻的电流是 1 A，则通过 3 Ω 电阻的电流是_____，加在 3 Ω 电阻两端的电压是_____。

3. 对于电阻 R_1 和 R_2，已知 $R_2 = 4R_1$，若它们并联在电路中，则电阻两端的电压之比 $U_1 : U_2 = $_____，流过电阻的电流之比 $I_1 : I_2 = $_____，它们消耗的功率之比 $P_1 : P_2 = $_____。

4. 在电工测量中，广泛应用_____方法扩大电流表的量程。

5. 阻值为 200 Ω 的电阻和阻值为 300 Ω 的电阻并联，并联后的等效电阻为_____。

6. 对于电阻 R_1 和 R_2，已知 $R_1 = 2R_2$，把它们并联起来的总电阻为 4 Ω，则 $R_1 = $_____，$R_2 = $_____。

二、选择题

1. 在图 3-12 所示电路中，开关 S 由闭合到断开时，电流表的读数将（　　）。

A. 增大　　　　　　　　B. 减小

C. 不变　　　　　　　　D. 无法判断

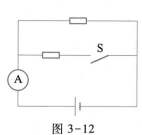

图 3-12

2. 标明"100 Ω/40 W"和"100 Ω/25 W"的 2 个电阻,并联时允许通过的最大电流是( )。

A. 0.4 A   B. 0.7 A   C. 1.0 A   D. 2 A

3. 对于阻值完全相同的 2 个电阻,若并联后的总电阻是 5 Ω,则它们串联的总电阻是( )。

A. 5 Ω   B. 10 Ω   C. 20 Ω   D. 40 Ω

4. 对于阻值分别为 4 Ω 和 6 Ω 的 2 个电阻,并联后它们的总阻值是( )。

A. 2.4 Ω   B. 4 Ω   C. 6 Ω   D. 10 Ω

5. 标明"100 Ω/9 W"和"100 Ω/25 W"的 2 个用电器并联时,允许通过的最大电流是( )。

A. 0.3 A   B. 0.6 A   C. 0.9 A   D. 1.36 A

6. 电阻 R_1 和 R_2 并联,$R_1 = 100$ Ω,通过 R_2 的电流 $I_2 = 0.2$ A,总电流为 1 A,则 R_2 的阻值和通过电阻 R_1 的电流分别为( )。

A. 25 Ω、0.8 A   B. 40 Ω、0.4 A

C. 400 Ω、0.8 A   D. 100 Ω、0.4 A

三、简答与计算题

1. 电阻的并联主要应用在哪些方面?

2. 已知 $R_1 = 4$ Ω,$R_2 = 6$ Ω,现把 R_1、R_2 并联后接入 6 V 的电源中。求:(1) 电路的总电阻 R;(2) 电路中的总电流 I;(3) 分别通过 R_1、R_2 的电流 I_1 与 I_2;(4) R_2 消耗的功率 P_2。

3. 在图 3-13 所示电路中,表头内阻 $R_g = 1$ kΩ,满偏电流 $I_g = 100$ μA,若要改装成量程为 10 A 的电流表,应并联多大电阻?

4. 在图 3-14 所示电路中,电源电压保持不变,电阻 $R_1 = 30$ Ω。当开关 S_1 闭合、S_2 断开时,电流表的示数为 0.4 A;当开关 S_1、S_2 都闭合时,电流表的示数为 0.6 A。求:(1) 电源电压;(2) R_2 的阻值。

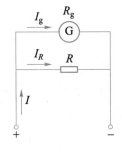

图 3-13

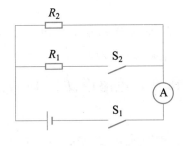

图 3-14

3.5 电阻混联电路

一、填空题

1. 在图 3-15 所示电路中,已知 $E = 100$ V,$R_1 = 80$ Ω,$R_2 = 30$ Ω,$R_3 = 60$ Ω,则通过 R_1 的电流为_____,R_2 两端的电压为_____,R_3 消耗的功率为_____。

2. 在图 3-16 所示电路中,已知 $E = 200$ V,$R_1 = 20$ Ω,$R_2 = 30$ Ω,$R_3 = 50$ Ω,则通过 R_1 的电流为_____,R_2 两端的电压为_____,R_3 消耗的功率为_____。

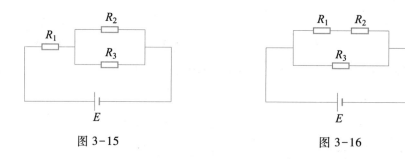

图 3-15 图 3-16

3. 混联电路的等效变换通常采用_____,其分析的一般步骤:① 确定_____,标出相应的_____;② 画出串、并联关系清晰的_____; ③ 求解_____。

4. 常用的导电材料是指专门用于传导_____的金属材料,当前两大普通的导电材料是_____和_____。

5. 绝缘材料在使用过程中,由于各种因素的长期作用会发生_____,因此,对各种绝缘材料都规定它们在使用过程中的_____。

6. 四色环电阻器的标称阻值为 68 Ω,允许误差为 ±5%,则它的色环排列依次为_____。

7. 五色环电阻器的色环排列依次为红黄黑黑棕,则该电阻的标称阻值为_____,允许误差为_____。

8. 在图 3-17 所示电路中,流过 4 Ω 电阻的电流为_____,A、B 两点间的电压为_____,3 Ω 电阻的功率是_____。

9. 在图 3-18 所示电路中,$R_1 = 16$ Ω,则 $R_{AB} =$ _____。

10. 在图 3-19 所示电路中,$R = 16$ Ω,则 $R_{AB} =$ _____。

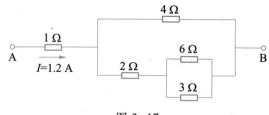

图 3-17

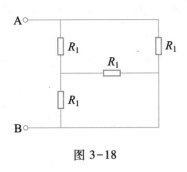

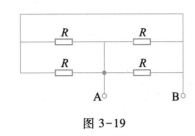

图 3-18   图 3-19

二、选择题

1. 在图 3-20 所示电路中,已知滑动变阻器滑动触点 C 在 AB 的中点,则电路中电阻 R 两端的电压(　　)。

A. 等于 $\frac{1}{2}U_{AB}$ B. 大于 $\frac{1}{2}U_{AB}$ C. 小于 $\frac{1}{2}U_{AB}$ D. U_{AB}

2. 在图 3-21 所示电路中,3 盏灯 A、B、C 完全相同。当开关 S 闭合时,灯 A、B 的亮度变化是(　　)。

A. A 变亮,B 变暗   B. A 变暗,B 变亮

C. A、B 都变暗   D. A、B 都变亮

3. 在图 3-22 所示电路中,电压表的读数 U_{AB} 等于(　　)。

A. -10 V   B. 10 V   C. 20 V   D. 50 V

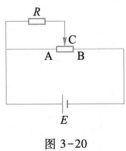

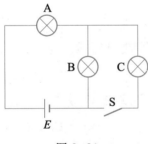

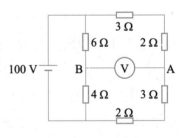

图 3-20   图 3-21   图 3-22

4. 3 个不同阻值的电阻采用不同方式连接,可以构成(　　)种不同等效电阻值。

A. 3   B. 4   C. 6   D. 8

5. 下列属于绝缘材料的是(　　)。

A. 绝缘导线   B. 电磁线

C. 电力线   D. 橡胶制品

6. 在图 3-23 所示电路中,3 个电阻的连接方式为(　　)。

A. R_1 与 R_3 串联后与 R_2 并联   B. R_1 与 R_3 并联后与 R_2 串联

C. R_1 与 R_2 并联后与 R_3 串联   D. R_1 与 R_2 串联后与 R_3 并联

7. 在图 3-24 所示电路中，A、B 间有 4 个电阻串联，且 $R_2 = R_4$，电压表 V_1 示数为 12 V，电压表 V_2 示数为 18 V，则 A、B 之间的电压 U_{AB} 应是(   )

A. 6 V   B. 12 V   C. 18 V   D. 30 V

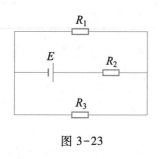

图 3-23

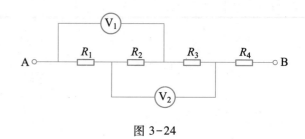

图 3-24

8. 图 3-25 所示电路的等效电阻 R_{AB} 为(   )。

A. 48 Ω   B. 84 Ω   C. 35 Ω   D. 55 Ω

9. 在图 3-26 所示电路中，$R = 3$ Ω，$R_1 = 6$ Ω，则等效电阻 R_{AB} 为(   )。

A. 3 Ω   B. 4 Ω   C. 18 Ω   D. 9 Ω

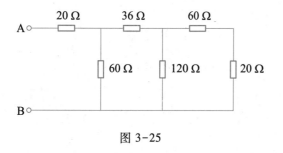

图 3-25   图 3-26

10. 如图 3-27 所示，二端网络的等效电阻 R_{AB} 为(   )。

A. 12 Ω   B. 24 Ω   C. 36 Ω   D. 48 Ω

11. 在图 3-28 所示的电路中，AB 两端的等效电阻 R_{AB} 为(   )。

A. 3 Ω   B. 6 Ω   C. 9 Ω   D. 12 Ω

12. 在图 3-29 所示电路中，当开关 S 闭合时，关于电源供电电流 I 和 AB 两端的电压 U_{AB} 变化情况，正确的是(   )。

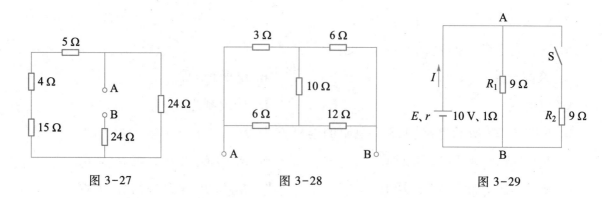

图 3-27   图 3-28   图 3-29

A. I 增大, U_{AB} 减小   B. I 减小, U_{AB} 增大

C. I 增大, U_{AB} 增大   D. I 减小, U_{AB} 减小

三、计算题

1. 求图 3-30 所示电路中的等效电阻 R_{AB}。

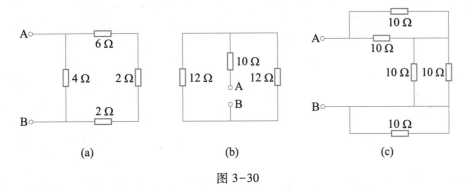

图 3-30

2. 在图 3-31 所示电路中,已知 $E = 30$ V, $R_1 = 240$ Ω, $R_2 = 600$ Ω, $R_3 = R_4 = 200$ Ω, $R_5 = 100$ Ω。求:通过电阻 R_1、R_2、R_3 的电流分别为多大?

3. 在图 3-32 所示电路中,已知 $E = 30$ V, $R_1 = 12$ Ω, $R_2 = 4$ Ω, $R_3 = 24$ Ω, $R_4 = 8$ Ω。求:(1)当 S 断开时,通过 R_1、R_2 的电流为多大? R_3 消耗的功率是多少?(2)当 S 闭合时,通过 R_1、R_2 的电流及 R_3 两端的电压是多少?

4. 在图 3-33 所示电路中,电阻 $R_2 = R_3 = 4$ Ω,当 S 闭合时电压表的读数是 2.9 V,电流表的读数是 0.5 A;当 S 断开时电压表的读数是 3 V。求:(1)电源电动势和内阻;(2)电路中的电阻 R_1 的阻值。

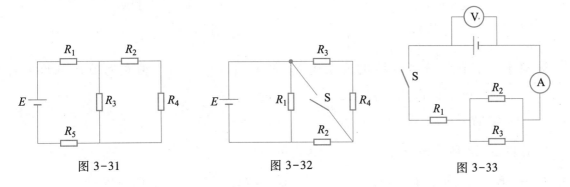

图 3-31   图 3-32   图 3-33

3.6 基尔霍夫定律

一、填空题

1. 由 1 个或几个元件首尾相接构成的无分支电路称为_____;3 条或 3 条以上支路的交汇点称为_____;电路中任一闭合路径称为_____;内部不包含支路的回路称

为_____。

2. 在图 3-34 所示电路中,有_____个节点,_____条支路,_____个回路,_____个网孔。

3. 在图 3-35 所示电路中,已知 $I_1 = 2$ A,$I_2 = 3$ A,则 $I_3 = $_____。

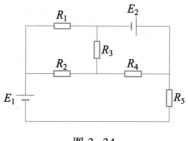

图 3-34

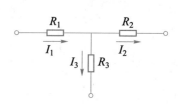

图 3-35

4. 基尔霍夫第一定律不仅适用于节点,也可推广应用于任一假想的_____。

5. 基尔霍夫第二定律不仅适用于闭合回路,也可推广应用于不闭合的_____。

6. 已知图 3-36 所示三极管 $I_b = 20$ μA,$I_c = 3$ mA,则 $I_e = $_____。

7. 在图 3-37 所示电路中,$I_1 = $_____,$I_2 = $_____,$I_3 = $_____。

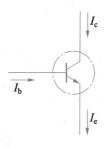

图 3-36

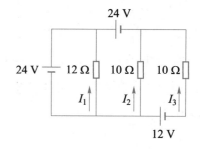

图 3-37

8. 对于 2 个节点、3 条支路的复杂电路,可列出_____个独立的节点电流方程和_____个独立的回路电压方程。

二、选择题

1. 在图 3-38 所示电路中,U_{AB} 的表达式可写成 $U_{AB} = ($ $)$。

A. $IR+E$ B. $IR-E$ C. $-IR+E$ D. $-IR-E$

2. 在图 3-39 所示电路中,假设绕行方向为逆时针方向,则可列回路电压方程为($\quad$)。

A. $I_3R_3 - E_2 + I_2R_2 - I_1R_1 + E_1 = 0$

B. $I_3R_3 - E_2 + I_2R_2 + I_1R_1 - E_1 = 0$

C. $-I_3R_3 + E_1 - I_1R_1 + I_2R_2 - E_2 = 0$

D. $-I_3R_3 - E_1 + I_1R_1 - I_2R_2 + E_2 = 0$

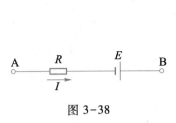

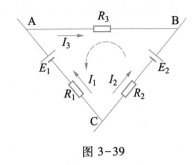

图 3-38 图 3-39

3. 某电路有 3 个节点和 5 条支路,则应用基尔霍夫定律可列出独立的节点电流方程和独立的回路电压方程个数分别为(   )。

A. 3   2   B. 4   1   C. 2   3   D. 4   5

4. 在图 3-40 所示电路中,电流 I 的大小为(   )。

A. 1 A   B. 1.5 A   C. 2 A   D. −1 A

5. 对于图 3-41 所示网络 N_1、N_2,已知 $I_1 = 5$ A,$I_2 = 6$ A,则 I_3 为(   )。

A. −11 A   B. 11 A   C. 1 A   D. −1 A

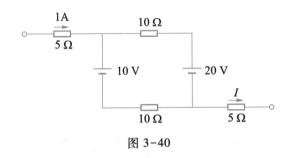

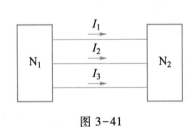

图 3-40 图 3-41

6. 在图 3-42 所示电路中,E 等于(   )。

A. 4 V   B. −4 V   C. 2 V   D. 7 V

7. 在图 3-43 所示电路中,E 等于(   )。

A. −40 V   B. 40 V   C. 20 V   D. 0

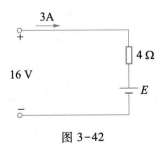

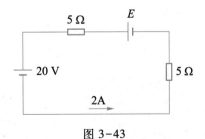

图 3-42 图 3-43

8. 在图 3-44 所示电路中,I 为(   )。

A. −3 A   B. 3 A   C. 5 A   D. −5 A

9. 在图 3-45 所示电路中,回路数和网孔数分别是(　　)

A. 2、2　　　　　　B. 2、3　　　　　　C. 3、2　　　　　　D. 2、4

10. 在图 3-45 所示电路中,节点数和支路数分别是(　　)

A. 2、2　　　　　　B. 2、3　　　　　　C. 3、2　　　　　　D. 2、4

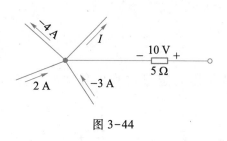

图 3-44

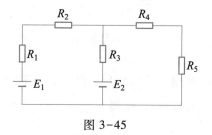

图 3-45

11. 在图 3-46 所示电路中,$I_1 = 2$ A,$I_2 = 3$ A,$I_4 = 4$ A,则 I_3 为(　　)。

A. -5 A

B. 5 A

C. -1 A

D. 1 A

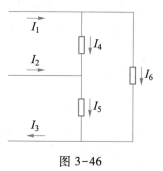

图 3-46

三、计算题

1. 图 3-47 所示为复杂电路的一部分,已知 $E = 6$ V,$R_1 = 1$ Ω,$R_2 = 3$ Ω,$I_2 = 2$ A,$I_4 = 1$ A。求 I_1、I_3、I_5。

2. 在图 3-48 所示电路中,已知电源电动势 $E_1 = 12$ V,$E_2 = 8$ V,电阻 $R_1 = 3$ Ω,$R_2 = R_3 = 6$ Ω,试用支路电流法求解流过各电阻的电流。

3. 在图 3-49 所示电路中,已知 $E = 20$ V,$R_1 = R_2 = 5$ Ω,$R_3 = R_4 = 15$ Ω,忽略电源内阻,则该电路中 A 点的电位是多少?

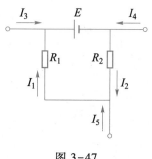

图 3-47

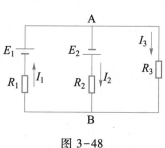

图 3-48

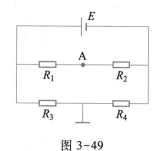

图 3-49

*3.7 电源的模型

一、填空题

1. 电压源是以_____的形式向负载供电的;电流源是以_____的形式向负载供电的。理想的电压源其内阻为_____,理想的电流源其内阻为_____。理想的电压源与理想的电流源之间不能进行_____。

2. 实际的电压源与电流源等效变换后,电流源的方向必须与电压源的极性保持一致,即电流源中恒定电流的方向总是从电压源中恒定电动势的_____极指向_____极。

3. 对于电动势为 6 V、内阻为 1 Ω 的电压源,等效变换成电流源,则电流源的恒定电流 $I_S =$ _____,内阻 $r =$ _____。

4. 对于恒定电流为 5 A、内阻为 0.5 Ω 的电流源,等效变换成电压源,则电压源的电动势 $E =$ _____,内阻 $r =$ _____。

二、选择题

在电压源与电流源等效变换过程中,下列说法错误的是(　　　)。

A. 电压源与电流源等效变换前后,内阻 r 阻值保持不变

B. 电压源与电流源的等效变换对外电路等效,对内电路也等效

C. 将电压源变换成电流源时,内阻由串联改为并联

D. 理想电压源与理想电流源之间不能进行等效变换

三、分析与计算题

1. 如图 3-50 所示,试把下列电压源或电流源进行等效变换。

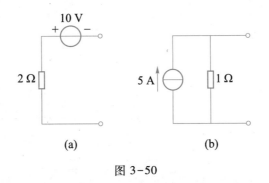

图 3-50

2. 图 3-51 所示为具有 2 条支路的部分电路,试通过电压源与电流源等效变换的方法将其简化成 1 条支路。

3. 在图 3-52 所示电路中,已知 $R_1 = R_2 = R_3 = 9$ kΩ,$R_4 = 3$ kΩ,$E_1 = E_2 = E_3 = 6$ V,则电阻 R_4 两端的电压为多少?

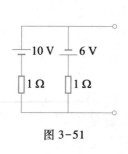

图 3-51

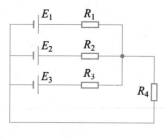

图 3-52

*3.8 戴维宁定理

一、填空题

1. 电路也称_____或_____。任何具有 2 个端口与外电路相连的网络,不管其内部结构如何,统称_____。

2. 某线性有源二端网络的开路电压为 10 V,如果在网络两端接 10 Ω 的电阻,二端网络端电压为 8 V,则此网络的等效电动势 E_0 = _____,内阻 r_0 = _____。

3. 某线性有源二端网络,测得开路电压为 9 V,短路电流为 3 A,则此网络的等效电动势 E_0 = _____,内阻 r_0 = _____。

4. 在图 3-53 所示电路中,电阻 $R_1 = R_2 = 2\ \Omega$, $R_3 = 4\ \Omega$,开路电压 U_{AB} = _____。

二、分析与计算题

如图 3-54 所示,已知 $R_1 = R_3 = 5\ \Omega$, $R_2 = R_4 = 10\ \Omega$, $E_1 = E_2 = 10$ V, $E_3 = 6$ V。求:(1) 该有源二端网络的开路电压;(2) 该有源二端网络的戴维宁等效电路。

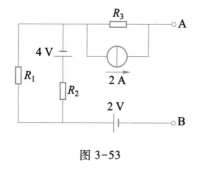

图 3-53

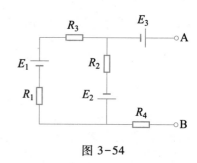

图 3-54

3.9 叠加定理

一、填空题

1. 由线性电阻和多个电源组成的线性电路中,任何一条支路中的电流(或电压)等于各个电源单独作用时,在此支路中所产生的电流(或电压)的_____,这就是叠加定理。叠加定理只适用于线性电路,只能用来计算电路中的_____和_____,不能用来计算_____。

2. 运用叠加定理求解电路的总体思路:把一个复杂电路分解成几个_____来进行求解,然后将计算结果进行叠加。

3. 电路如图 3-55 所示,已知 E_1 单独作用时,通过 R_1、R_2、R_3 的电流分别为 3 A、1 A、-2 A,E_2 单独作用时,通过 R_1、R_2、R_3 的电流分别为 -1 A、-4 A、-3 A,则各支路电流分别为 $I_1 = $_____,$I_2 = $_____,$I_3 = $_____。

二、分析与计算题

电路如图 3-56 所示,已知 $E_1 = 12$ V,$E_2 = 8$ V,电源内阻忽略不计,电阻 $R_1 = 3$ Ω,$R_2 = R_3 = 6$ Ω,试用叠加定理求通过各电阻中的电流。

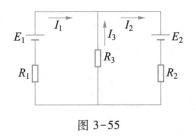

图 3-55

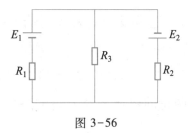

图 3-56

综合测试

一、是非题

1. 当电路处于通路状态时,电源的端电压小于电源的电动势。 （　）

2. 当负载电阻 R 大于电源内阻 r 时,负载才能从电源中获得最大功率。 （　）

3. 几个电阻并联后的总电阻一定小于其中任何一个电阻的阻值。 （　）

4. 在电阻分压电路中,电阻的阻值越大,其两端的电压就越高。 （　）

5. 在电阻分流电路中,电阻的阻值越大,流过它的电流也就越大。 （　）

6. 通常利用串联电阻的方法来限制、调节电路中的电流。 （　）

7. 绝缘材料在使用过程中会发生老化,因此,对各种绝缘材料都规定了它们在使用过程中的极限温度。 （　）

8. 基尔霍夫电压定律是指沿任意回路绕行一周,各段电压的代数和一定等于零。

（　）

*9. 电压源与电流源等效变换后对外电路是不等效的。 （　）

10. 某电源的开路电压为 10 V,短路电流为 2 A,则该电源的电动势为 10 V,内阻为 2 Ω。 （　）

二、填空题

1. 电源产生的电功率等于_____的功率和_____的功率之和。

2. 当外电路开路时,电源的端电压_____电源的电动势。

3. 电动势为 6 V、内阻为 1 Ω 的电源,当负载为_____时,它的输出功率最大,其值为_____,输出最大功率时,电源的端电压是_____,效率为_____,在电子技术中,这种状态通常称为_____。

4. 电阻串联时,负载消耗的功率与电阻成_____比;电阻并联时,负载消耗的功率与电阻成_____比。

5. 有 5 个 100 Ω 的电阻串联,等效电阻是_____;若将它们并联,等效电阻是_____。

6. 一盏灯正常发光时要求两端的电压是 2.5 V,通过的电流是 0.1 A。如果把这盏灯接入 3 V 的电路中,应_____联接入一个_____的电阻才可以使灯正常工作。

7. 对于电阻 R_1 和 R_2,$R_1 = 10$ Ω,$R_2 = 5$ Ω,若把它们串联后接到电压为 12 V 的电源上,则电阻两端的电压之比 $U_1 : U_2 = $_____,流过电阻的电流之比 $I_1 : I_2 = $_____,它们消耗的功率之比 $P_1 : P_2 = $_____;若将它们并联后接到同一电源上,则电阻两端的电压之比 $U_1 : U_2 = $_____,流过电阻的电流之比 $I_1 : I_2 = $_____,它们消耗的功率之比 $P_1 : P_2 = $_____。

8. 在电工测量中,广泛应用_____的方法扩大仪表测量电压的量程;应用_____的方法扩大仪表测量电流的量程。

9. 在图 3-57 所示电路中,已知 $R = 12$ Ω,则 $R_{AB} = $_____。

10. 在图 3-58 所示电路中,当开关 S 断开时,A 点的电位 $V_A = $_____;当开关 S 闭合时,A 点的电位 $V_A = $_____。

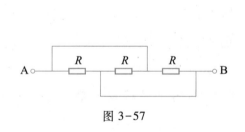

图 3-57

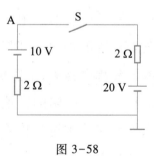

图 3-58

*11. 测得某有源二端网络的开路电压为 10 V,短路电流为 5 A,则该有源二端网络等效电动势为_____,等效电阻为_____。当外接负载电阻为 8 Ω 时,其端电压为_____。

*12. 实际电源可以等效成一个理想电压源与一个内阻_____的组合,也可以等效成一个理想电流源与一个内阻_____的组合。

13. 图 3-59 所示电路的等效电阻 R_{AB} = _____ Ω。

14. 在图 3-60 所示电路中,已知 $R_1 = 20\ \Omega$,$R_2 = 40\ \Omega$,$R_3 = 60\ \Omega$,$E = 6\ \text{V}$,则 A 点的电位 V_A = _____ V。

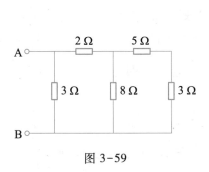

图 3-59

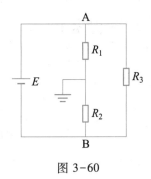

图 3-60

15. 在图 3-61 所示电路中,当开关 S 断开时,AB 两端的电压 U_{AB} 为 _____ V。

16. 在图 3-61 所示电路中,当开关 S 闭合时,流过电阻 R_L 的电流 I_2 为 _____ mA。

17. 图 3-62 所示是复杂电路的一部分,已知 $I_1 = 1\ \text{A}$,$I_2 = 2\ \text{A}$,$I_5 = 3\ \text{A}$,则 I_6 = _____ A。

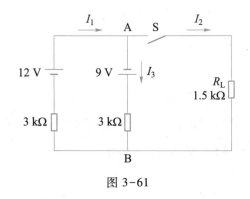

图 3-61

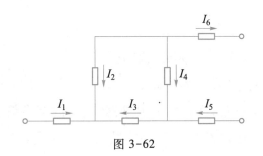

图 3-62

18. 在图 3-63 所示电路中,已知 $R_1 = R_2 = R_3 = 9\ \text{k}\Omega$,$R_4 = 3\ \text{k}\Omega$,$E_1 = E_2 = E_3 = 6\ \text{V}$,则电阻 R_4 两端的电压为 _____。

19. 在图 3-64 所示电路中,$R_1 = 4\ \Omega$,$R_2 = 5\ \Omega$,$R_3 = 2\ \Omega$。A、B 之间的开路电压 U_{AB} 为 _____。

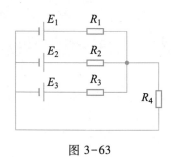

图 3-63

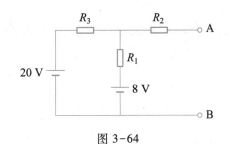

图 3-64

三、选择题

1. 用万用表测新电池两端电压时,其值(　　)。

A. 等于 1.5 V　　　　B. 大于 1.5 V　　　　C. 小于 1.5 V　　　　D. 无法确定

2. 照明电路及各种家用电器之间的连接方式通常采用(　　)。

A. 并联　　　　　　B. 串联　　　　　　C. 混联　　　　　　D. 以上都对

3. 电源电动势是 2 V,内电阻是 0.1 Ω,当外电路开路时,电源的端电压和电路中的电流分别是(　　)。

A. 2 V　0　　　　B. 2 V　20 A　　　　C. 0　20 A　　　　D. 0　0

4. 电阻 R_1 和 R_2 并联,已知 $R_1 = 2R_2$,若 R_1 上消耗的功率为 10 W,则 R_2 上消耗的功率为(　　)。

A. 2.5 W　　　　　B. 5 W　　　　　　C. 20 W　　　　　D. 40 W

5. 现有"110 V/60 W"和"110 V/100 W"的用电器,把它们串联后接到 220 V 的电源上,则可能出现的情况是(　　)。

A. 2 个用电器都能正常工作　　　　　　B. 110 V/60 W 用电器烧坏

C. 110 V/100 W 用电器烧坏　　　　　　D. 2 个用电器都烧坏

6. 有 50 个规格相同、额定电压为 1.5 V 的灯串联后接到 75 V 的直流电源上,发现除 A 灯不亮外,其余灯都亮,这是因为(　　)。

A. A 灯与灯座接触不良　　　　　　　　B. A 灯灯座断线

C. A 灯灯脚短路　　　　　　　　　　　D. 无法判断

7. 在图 3-65 所示电路中,3 盏灯允许消耗的最大功率均为 60 W,则电路允许消耗的最大总功率是(　　)。

A. 60 W

C. 180 W

B. 90 W

D. 120 W

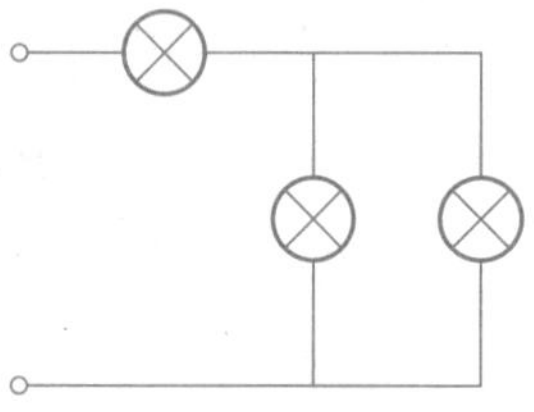

图 3-65

8. 某电路有 3 个节点和 7 条支路,则可列出独立的节点电流方程和独立的回路电压方程的个数分别为(　　)。

A. 3、4

C. 4、7

B. 4、3

D. 2、5

9. 在图 3-66 所示电路中,电流 I 的大小为(　　)。

A. 1 A

C. 3 A

B. 2 A

D. −2 A

10. 在图 3-67 所示电路中,如下描述正确的是(　　)。

A. 开关 S 断开时,电阻 R 中有电流从 B 流向 A

B. 开关 S 断开时,电阻 R 中有电流从 A 流向 B

C. 开关 S 闭合时,电阻 R 中有电流从 A 流向 B

D. 开关 S 闭合时,电阻 R 中有电流从 B 流向 A

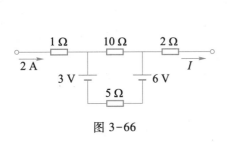

图 3-66

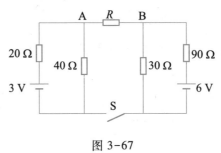

图 3-67

11. 阻值分别为 20 Ω 和 30 Ω 的电阻并联、串联后的阻值分别为( )。

A. 25 Ω,50 Ω   B. 12 Ω,50 Ω   C. 50 Ω,25 Ω   D. 50 Ω,12 Ω

12. 为扩大电压表的量程,下列说法正确的是( )。

A. 可通过串联电阻分压的方法   B. 可通过串联电阻分流的方法

C. 可通过并联电阻分流的方法   D. 可通过并联电阻分压的方法

13. 3 个阻值均为 R 的电阻串联或并联后,接在相同电压 U 的电源上,假设串联后电阻总功率为 $P_串$,并联后电阻总功率为 $P_并$,则采用不同连接方式时,电阻的总功率之比 $P_串 : P_并$ 为( )。

A. 9:1   B. 3:1   C. 1:9   D. 1:3

14. 在图 3-68 所示电路中,电路两端所加电压 U 不变,当减小可变电阻 R_3 的阻值时,电压表和电流表的读数变化正确的是( )。

A. 电压表的读数增大,电流表的读数增大

B. 电压表的读数增大;电流表的读数减小

C. 电压表的读数减小,电流表的读数增大

D. 电压表的读数减小,电流表的读数减小

15. 图 3-69 所示是复杂电路中的某一部分回路,其回路中各电路参数及方向已设定。则所列出的回路电压表达式正确的是( )。

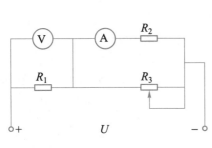

图 3-68

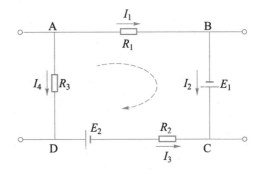

图 3-69

A. $I_1R_1-I_3R_2-I_4R_3=E_1+E_2$ 　　　　　　B. $I_1R_1-I_2R_2-I_3R_3=E_1+E_2$

C. $I_1R_1+I_3R_2+I_4R_3=E_1+E_2$ 　　　　　　D. $I_1R_1-I_3R_2-I_4R_3=-E_1-E_2$

16. 在图 3-70 所示电路中,求电阻 R 中流过的电流 I,最少需要列(　　　)。

A. 1 个回路电压方程

B. 1 个节点电流方程,2 个回路电压方程

C. 2 个节点电流方程 2 个回路电压方程

D. 1 个节点电流方程,4 个回路电压方程

17. 在图 3-71 所示电路中,$I=2$ A,则电压 U 为(　　　)。

A. −2 V 　　　　　　B. 2 V 　　　　　　C. 10 V 　　　　　　D. −10 V

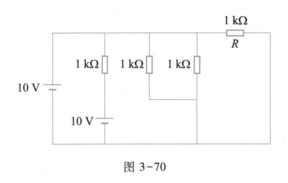

图 3-70

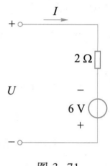

图 3-71

四、计算题

1. 在图 3-72 所示电路中,已知电源电动势为 10 V,内阻为 1 Ω,外电路有 3 个电阻,R_1 为 2 Ω,R_2 为 3 Ω,R_3 为 6 Ω。求:(1) 通过各电阻的电流;(2) 外电路中各个电阻的电压降和电源内部的电压降;(3) 外电路中各个电阻消耗的功率、电源内部消耗的功率和电源的总功率。

2. 试求图 3-73 所示电路中 A、B 两点之间的等效电阻 R_{AB}。

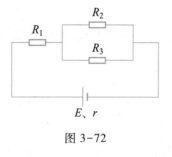

图 3-72

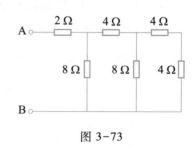

图 3-73

3. 如图 3-74 所示,已知 $R_1=R_3=12$ Ω,$R_2=R_4=R_5=6$ Ω,则 A、B 两点之间的等效电阻 R_{AB} 为多少?

4. 在图 3-75 所示电路中,已知 $E=18$ V,$R_1=2$ Ω,$R_2=4$ Ω,$R_3=3$ Ω,$R_4=6$ Ω。求:(1) 通过电阻 R_1、R_3 的电流;(2) 电压 U_{AB}。

5. 在图 3-76 所示电路中,已知 $E_1 = 6$ V,$E_2 = 8$ V,$R_1 = R_3 = 6$ Ω,$R_2 = R_5 = 2$ Ω,$R_4 = 1$ Ω,求流过电阻 R_4 的电流。

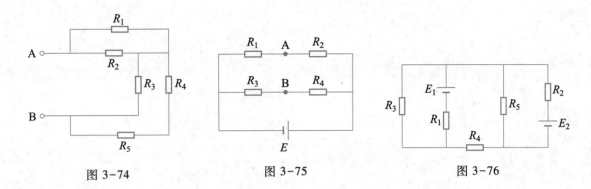

图 3-74 图 3-75 图 3-76

电容器 ———

　　电阻器、电容器和电感器是组成电路的三大基本元器件。电容器是一种储能元件,具有充、放电的特点,在电路中有着非常广泛的应用。

　　本单元主要学习电容器的基本概念、电容器的参数和种类、电容器的连接、电容器的充电与放电、电容器的识别与检测及其典型应用。

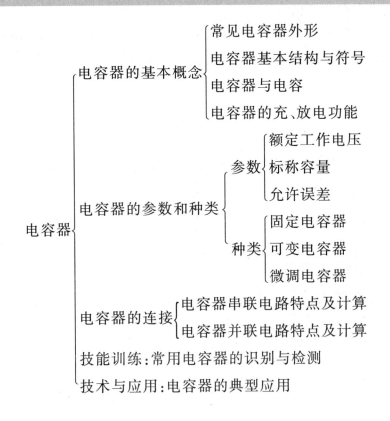

电容器
├─ 电容器的基本概念
│ ├─ 常见电容器外形
│ ├─ 电容器基本结构与符号
│ ├─ 电容器与电容
│ └─ 电容器的充、放电功能
├─ 电容器的参数和种类
│ ├─ 参数
│ │ ├─ 额定工作电压
│ │ ├─ 标称容量
│ │ └─ 允许误差
│ └─ 种类
│   ├─ 固定电容器
│   ├─ 可变电容器
│   └─ 微调电容器
├─ 电容器的连接
│ ├─ 电容器串联电路特点及计算
│ └─ 电容器并联电路特点及计算
├─ 技能训练：常用电容器的识别与检测
└─ 技术与应用：电容器的典型应用

学法指导

　　本单元的学习主要包括电容器的基本概念、电容器的参数和种类、电容器的连接、电容器的识别与检测以及技术与应用五个方面。学习中应侧重于电容器的识别与检测，电容器的性能、特点及其在电路中的功能，并了解其在生产生活中的典型应用。可通过观察各种电容器实物，加深对常用电容器的认识；可通过动手操作与训练，学习并掌握对电容器质量的检测；可通过比较，理解电容器串、并联电路的特点。另外，要注意与电阻串、并联电路分析方法的对比，比较电容电路与电阻电路的不同特点。

要点提示

一、电容器的基本概念

1. 电容器的结构与特性

任何两个相互靠近又彼此绝缘的导体，都可以看成一个电容器。电容器最基本的特性是能够储存电荷。如果在电容器的两极板间加一定的电压,则在两个极板上将分别出现数量相等的正、负电荷。

2. 电容器的电容量

电容器所带的电荷量与它的两极板间的电压的比值是一个常数,称为电容器的电容量,用字母 C 表示,用公式表示为

$$C = \frac{q}{U}$$

3. 平行板电容器的电容量

平行板电容器的电容量(C)与电介质的介电常数(ε)及极板间的正对面积(A)成正比,与两极板间的距离(d)成反比,用公式表示为

$$C = \frac{\varepsilon A}{d}$$

4. 电容器的充、放电过程

电容器具有充、放电的功能。电容器在充、放电过程中,电路中电流、电压的变化特点见表 4-1。

表 4-1　电容器充、放电过程中电流与电压的变化特点

比 较 项 目	充 电 过 程	放 电 过 程
电路中的电流 i	i 从最大→0,充电结束	i 从最大→0,放电结束
电容器两端的电压 u_c	u_c 从 0→E,充电结束	u_c 从 E→0,放电结束

5. 电容器中的电场能

充完电的电容器所储存的电场能为

$$W_c = \frac{1}{2} C u_c^2$$

二、电容器的参数和种类

1. 电容器的参数

电容器的主要参数有额定工作电压、标称容量和允许误差等,这些参数有其特定的标志方法和含义。

① 额定工作电压。一般称为耐压,是指在规定的温度范围内,可以连续加在电容器上而不损坏电容器的最大电压值。电容器上标着的额定工作电压,通常指的是直流工作电压值。

② 标称容量。电容器的标称容量是指电容器外壳所标注的容量,它表征了电容器储

存电荷的能力,是电容器的重要参数。

③ 允许误差。电容器的标称容量和它的实际容量之间总有一定的误差。国家标准对不同的电容器,规定了不同的误差范围,在此范围之内的误差称为允许误差。电容器的允许误差一般标注在电容器的外壳上。按其精度分为±1%(00 级)、±2%(0 级)、±5%(Ⅰ级)、±10%(Ⅱ级)和±20%(Ⅲ级)五级(不包括有极性电容器)。一般有极性电容器的允许误差范围较大,如铝有极性电容器的允许误差范围是-20%~100%。

2. 电容器的标注方法

① 直标法。直标法就是在电容器的表面直接标注其主要参数和技术指标的一种方法。

② 文字符号法。文字符号法是由数字和字母相结合表示电容器容量的一种方法。

③ 数码法。标称容量一般用 3 位数字表示,第 1、2 位为有效数字,第 3 位为倍率,标称电容的单位是 pF。

④ 色标法。色标法是用有颜色的环或点在电容器表面标示出其主要参数的标注方法。电容器的色环一般只有三环,前两环表示有效数字,第三环表示倍率,标称容量的单位为 pF。

3. 电容器的种类

电容器按其电容量是否可变,可分为固定电容器、可变电容器和微调电容器。

三、电容器的连接

在实际应用中,电容器的选择主要考虑电容器的容量和额定工作电压。如果电容器的容量和额定工作电压不能满足电路要求,可以将多个电容器适当连接(串联或并联),以满足电路的工作要求。电容器串、并联电路的特点见表 4-2。

表 4-2 电容器串、并联电路的特点

比 较 项 目	串 联 电 路	并 联 电 路
电荷量 q	$q = q_1 = q_2 = q_3$	$q = q_1 + q_2 + q_3$
电压 U	$U = U_1 + U_2 + U_3$ 电压分配与电容成反比 $\dfrac{U_1}{U_2} = \dfrac{C_2}{C_1}$	$U = U_1 = U_2 = U_3$
电容 C	$\dfrac{1}{C} = \dfrac{1}{C_1} + \dfrac{1}{C_2} + \dfrac{1}{C_3}$ 当 n 个电容为 C 的电容器串联时 $C_{总} = \dfrac{C}{n}$	$C = C_1 + C_2 + C_3$ 当 n 个电容为 C 的电容器并联时 $C_{总} = nC$

要点提示

四、技能训练——常用电容器的识别与检测

常见的电容器有电解电容器、陶瓷电容器、涤纶电容器、可变电容器、贴片电容器等。电容器常见的故障有:击穿短路、断路、漏电或电容变化等。通常利用指针式万用表的电阻挡($R\times100$ 或 $R\times1$ k),通过测量电容器两端之间的漏电阻,根据指针摆动的情况,来判别较大容量的电容器质量,这是利用了电容器的充、放电特性。

(1)如果电容器质量很好,漏电很小,将万用表的表笔分别与电容器的两端接触,则指针会有一定的偏转,并很快回到接近于起始位置的地方。

(2)如果电容器的漏电量很大,则指针回不到起始位置,而停在刻度尺的某处,这时指针所指出的电阻数值即表示该电容器的漏电阻值。

(3)如果指针偏转到 0Ω 之后不再回去,则说明电容器内部已经短路。

(4)如果指针根本不偏转,则说明电容器内部可能断路,或电容很小,充、放电电流很小,不足以使指针偏转。

五、技术与应用——电容器的典型应用

电容器的种类繁多,用途非常广泛,主要应用在电源电路、信号电路、电力系统及工业中。在电源电路和信号电路中,电容器主要用于实现旁路、去耦、滤波、储能、耦合等方面的功能;在电力系统中,电容器是提高功率因数的重要元器件;在工业上,由于常使用电动机等电感性负载,通常采用并联电容器的办法使电网平衡。

典题解析

【例1】 一个"68 μF/250 V"的电容器接在 220 V 的交流电源上,问能否正常工作?

解:该电容器不能正常工作。

因为"68 μF/250 V"的电容器正常工作时,其两端允许加的最大电压不能超过 250 V,而220 V 的交流电源的最大值为 $220\sqrt{2}$ V ≈ 311 V,由于 311 V>250 V,即超过了其耐压值,因此,该电容器不能正常工作。

评析:如果电容器两端接的是交流电,分析时应该考虑交流电的最大值是否超过电容器的额定工作电压(耐压),而不能仅考虑其有效值。

【例2】 有两个电容器 C_1"10 μF/16 V"、C_2"20 μF/25 V"。将它们串联后接到电压为 40 V 的电源上,问能否安全使用?

解:各电容器能带的最大电荷量分别为

$$q_1 = C_1 U_1 = 10 \times 10^{-6} \times 16 \ \text{C} = 1.6 \times 10^{-4} \ \text{C}$$

$$q_2 = C_2 U_2 = 20 \times 10^{-6} \times 25 \ \text{C} = 5 \times 10^{-4} \ \text{C}$$

而电容器串联于电路中,各电容器所带的电荷量相等,因此,C_1 与 C_2 串联后,它们允许带的最大电荷量

$$q = q_1 = 1.6 \times 10^{-4} \ \text{C}$$

C_1 与 C_2 串联后的总电容 $\qquad C = \dfrac{C_1 C_2}{C_1 + C_2} = \dfrac{10 \times 20}{10 + 20} \ \mu\text{F} = \dfrac{20}{3} \ \mu\text{F}$

电路能承受的最大电压 $\qquad U = \dfrac{q}{C} = \dfrac{1.6 \times 10^{-4}}{\dfrac{20}{3} \times 10^{-6}} \ \text{V} = 24 \ \text{V} < 40 \ \text{V}$

所以电容器不能安全使用。

评析:两个电容器串联后,计算其两端允许加的最大电压不能单纯把两个电容器的额定工作电压加起来。电容器串联后,每个电容器两端得到的实际电压与电容器的电容成反比,因此,在分析电容器串联电路时,应该以电容较小的电容器的额定工作电压为基准。

【例3】 电容器在充、放电过程中,其两端的电压 u_C 和充、放电电流 $i_充$、$i_放$ 是如何变化的?

解:

(1)充电过程。电容器在充电过程中,充电电流一开始为最大,然后逐渐减小,直到最后为零;电容器两端的电压 u_C 一开始为零,随着充电的进行,u_C 逐渐增大,直到等于外加电压值为止,充电结束。

(2)放电过程。电容器在放电过程中,放电电流一开始为最大,然后逐渐减小,直到最后为零;电容器两端的电压 u_C 一开始为最大,随着放电的进行,u_C 逐渐减小,直到等于零为止,放电结束。

评析:在充、放电过程中,充、放电电流 $i_充$、$i_放$ 的变化规律相似,一开始都为最大,然后逐渐减小,直到最后为零,充、放电结束。

同步训练

4.1 电容器的基本概念

一、填空题

1. 常见电容器有_____、_____、_____等。

2. 电容器最基本的特性是_____。电容是表示_____本领

大小的物理量。

3. 电容器尽管种类繁多,形状各异,但其基本结构是一样的,它是由两片靠得较近的_____中间再隔以_____而组成。

4. 电容器的国际单位是_____,实际应用时,常用的单位还有_____和_____,三者间的关系是_____。

5. 某 10 μF 的电容器,其两端加上 12 V 的直流电压,充电结束后,电容器极板上所带的电荷量是_____。

6. 某 10 μF 电容器,接到 20 V 的直流电源上对它充电,这时它的电容为_____;当它充电结束后,对它进行放电,这时它的电容为_____;它不带电时,它的电容为_____。

二、选择题

1. 任何两个相互靠近又彼此绝缘的导体,都可以看成一个(   )。

A. 电阻器　　　　　　B. 电容器　　　　　　C. 电位器　　　　　　D. 电感器

2. 对于已出厂的某电容器成品来说,其电容(   )。

A. 会随其两端所加电压的增大而增大　　　B. 是个定值

C. 会随其两端所加电压的增大而减小　　　D. 无法判断

3. 当电容器两端所加电压 U 增大时,其极板上所带电荷量(   )。

A. 增加　　　　　　B. 减少　　　　　　C. 不变　　　　　　D. 无法判断

4. 电容器 C_1、C_2 两端所加的电压相同,若 $C_1 > C_2$,则它们所带的电荷量 q_1、q_2 的关系是(   )。

A. $q_1 = q_2$　　　　B. $q_1 > q_2$　　　　C. $q_1 < q_2$　　　　D. 无法判断

5. 某电容器接到 10 V 的电源上,它的电容是 100 μF,当其接到 20 V 的电源上时,其电容为(   )。

A. 10 μF　　　　　　B. 20 μF　　　　　　C. 100 μF　　　　　　D. 200 μF

6. 如果把某平板电容器极板的面积加倍,并使其两极之间的距离减半,则(   )。

A. 电容增大到原来的 4 倍　　　　　　B. 电容减半

C. 电容加倍　　　　　　D. 电容保持不变

4.2　电容器的参数和种类

一、填空题

1. 在电容器外壳上所标的电压就是该电容器的_____,一般称为_____,是指在规定的温度范围内,可以连续加在电容器上而不损坏电容器的最大电压值。

2. 如果电容器用在交流电路中,应使交流电压的_____不超过它的额定工作电压。

3. 电容器上所标明的电容的值称为_____。国家对不同的电容器规定了不同的误差范围,在此范围之内的误差称为_____。一般有极性电容器的允许误差范围较_____,如铝有极性电容器的允许误差范围为_____~_____。

4. 电容器上标有"224"字样,则其标称容量为_____pF,即_____ μF。

5. 某电容器上标有 152J,则其标称容量为_____pF,允许误差为_____。

6. 电解电容器的两极有_____之分,使用时切忌将极性_____,不可将其接到交流电路中。

7. 电容在某小范围内可以调整的电容器称为_____,其主要在调谐回路中起_____的功能。

二、选择题

1. 电容器的允许误差通常用文字符号表示,G 和 K 分别表示允许误差为(　　　)。

A. ±1%,±2%   B. ±2%,±10%

C. ±10%,±2%   D. ±2%,±1%

2. 某电容器上标有"4n7"字样,则其标称容量为(　　　)。

A. 47 nF   B. 4.7 pF   C. 470 pF   D. 4 700 pF

3. 可变电容器通常用在(　　　)中作为调谐元件,可以改变谐振回路的频率。

A. 电力电路   B. 照明电路   C. 电子电路   D. 电气电路

4. 有些电容器由于体积小,为了便于标注,习惯上省略其单位。凡不带小数点的数值,若无标志单位,则表示其单位为(　　　)。

A. F   B. μF   C. nF   D. pF

5. 下列图形符号中,表示可调电容器的是(　　　)。

A.　　B.　　C.　　D.

4.3　电容器的连接

一、填空题

1. 当电容 C_1、C_2 串联时,其等效电容 $C =$ _____;若将它们并联,则等效电容 $C =$ _____。

2. 电容器串联之后,总电容一定_____每个电容器的电容。

3. 有 10 个标称容量为 100 μF、耐压为 25 V 的电容器,将它们全部串联后,等效电容

为_____,耐压为_____;若将它们全部并联,等效电容为_____,耐压
为_____。

4. 当单独一个电容器的_____不能满足要求,而_____足够大时,可将电容器串联起来使用;当单独一个电容器的_____不能满足要求,而_____足够大时,可将电容器并联起来使用。

5. 对于电容器 C_1、C_2,$C_1 = 10\ \mu F$,$C_2 = 100\ \mu F$,将它们串联后接到 110 V 的电压上,电容器 C_1 两端的电压为_____,电容器 C_2 两端的电压为_____;若将它们并联后接到 110 V 的电压上,则电容器 C_1 所带的电荷量为_____,电容器 C_2 所带的电荷量为_____。

6. 在图 4-1 所示电路中,已知 $C_1 = C_2 = 20\ \mu F$,$C_3 = 40\ \mu F$,则 A、B 间的总电容是_____。

7. 在图 4-2 所示电路中,每个电容器的电容量均为 200 pF,S 断开时,总电容 $C_{AB} =$_____;S 合上时,总电容 $C_{AB} =$_____。

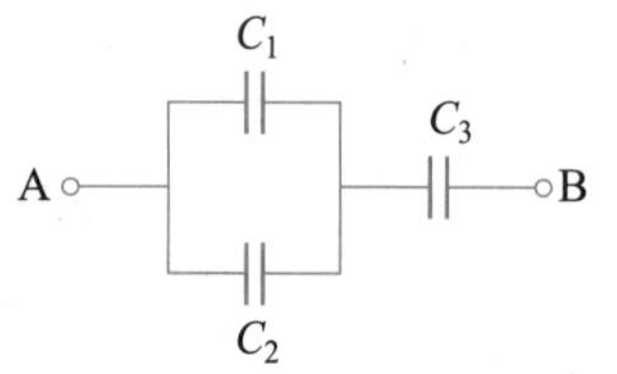

图 4-1

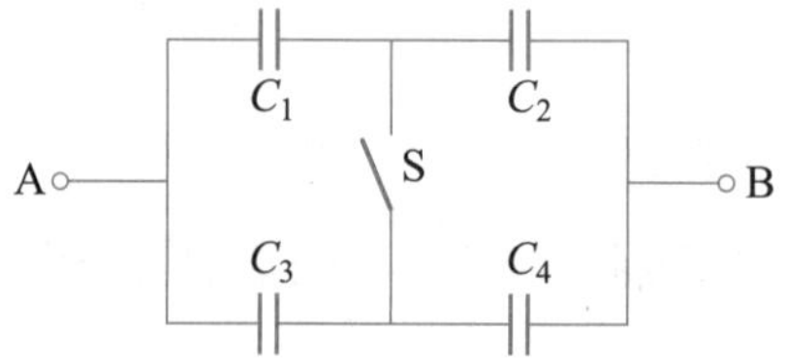

图 4-2

8. 在图 4-3 所示电路中,$C_1 = C_2 = 1\ \mu F$,C_1 已充电,两极板之间的电压为 100 V,当开关 S 闭合时,电容器 C_1 两端的电压为_____,电容器 C_2 两端的电压为_____。

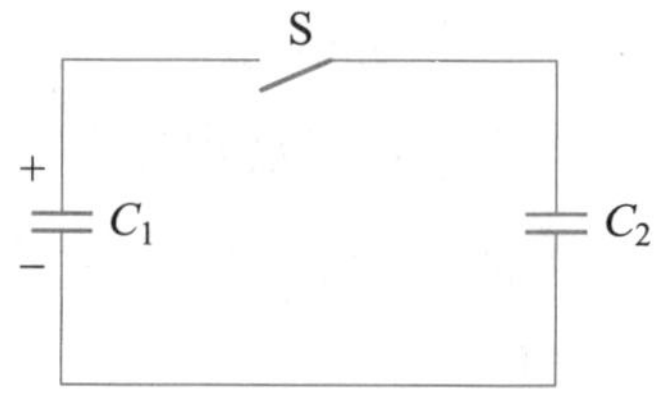

图 4-3

二、选择题

1. 电容器 C_1、C_2 串联后接在直流电源中,若 $C_1 = 2C_2$,则电容器 C_1、C_2 两端的电压 U_1、U_2 的关系为(   )。

A. $U_1 = 2U_2$ B. $U_1 = \frac{1}{2}U_2$ C. $U_1 = 4U_2$ D. $U_1 = \frac{1}{4}U_2$

2. 在某电路中,需要接入 10 μF、耐压 800 V 的电容器,现只有 10 μF、耐压 450 V 的电容器若干,为达到上述要求,需将(   )。

A. 2 个 10 μF 电容器串联后接入电路

B. 2 个 10 μF 电容器并联后接入电路

C. 4 个 10 μF 电容器先两两并联,再串联接入电路

D. 无法达到上述要求,不能使用 10 μF、耐压 450 V 的电容器

3. 电容为 C 的电容器,与电容为 20 μF 的电容器并联,总电容为 $3C$,则电容 C

为（ ）。

  A. 20 μF   B. 10 μF   C. 5 μF   D. 40 μF

  4. 如图 4-4 所示，每个电容器的电容都是 3 μF，额定工作电压都是 100 V，那么整个电容器组的等效电容和额定工作电压分别是（ ）。

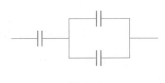

图 4-4

  A. 4.5 μF，200 V   B. 4.5 μF，150 V

  C. 2 μF，150 V   D. 2 μF，200 V

  5. 对于电容器 C_1"0.25 μF/200 V" 和 C_2"0.5 μF/300 V"，串联后接到电压为 450 V 的电源上，则（ ）。

  A. 能正常工作   B. 其中一个电容器击穿

  C. 两个电容器均被击穿   D. 无法判断

三、分析与计算题

  1. 某人在进行电子电路维修时，第一次需要耐压为 50 V、电容为 10 μF 的电容器，第二次需要耐压为 10 V、电容为 200 μF 的电容器。如果当时他手中只有耐压为 10 V、电容为 50 μF 的电容器若干，那么他怎样做才能满足要求？

  2. 对于电容器 C_1、C_2，$C_1 = 10$ μF，额定工作电压为 16 V，$C_2 = 20$ μF，额定工作电压为 25 V。求：（1）若将这 2 个电容器串联起来，等效电容是多少？其两端能加的最大电压是多少？（2）若将这 2 个电容器并联起来，等效电容是多少？其两端能加的最大电压是多少？

4.4 电容器的充电和放电

一、填空题

  1. 电容器和电阻器都是电路中的基本元件，但它们在电路中所起的作用却是不同的。从能量上来看，电容器是一种_____元件，电阻器是一种_____元件。

  2. 在图 4-5 所示电路中，电源电动势为 E，内阻忽略不计，C 是一个容量很大的未充电电容器。当 S 合向 1 时，电源向电容器_____。这时看到灯 EL 开始_____，然后逐渐_____，直到_____。同时将从电流表中观察到充电电流的变化是从开始的_____到最后为_____；而电压表的指针变化是从_____开始，慢慢_____，最后等于_____。

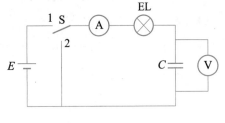

图 4-5

  3. 在图 4-5 所示电路中，当电容器充电结束后，把 S 从 1 合向 2，电容器便开始_____。这时看到灯 EL 开始_____,然后逐渐_____,直到_____。同时将从电流表中观察到充电电流的变化是从开始的_____到最后为_____;而电压表的指针变化是从_____开始,慢慢_____,最后等于_____。

4. 在进行电路或电器维修时,如果碰到大容量的电容器,应先通过_____将其电荷放掉后再进行维修,以防被电击。

5. 电容器充(或放)电的快慢,与电容器的电容 C 和充(或放)电回路中的电阻 R 的乘积成_____。

6. 在电容器充、放电过程中,电路中的电流没有通过电容器中的电介质,是电容器充、放电形成的电流。充、放电结束后,在直流电路中,电容器相当于_____路,因此,电容器具有隔_____的作用。

7. 通常利用指针式万用表的电阻挡_____挡测量电容器两端之间的漏电阻,根据指针摆动情况,来判别较大容量电容器的质量。当表笔分别与电容器两端接触时,如果指针不偏转,说明电容器内部已_____;如果指针偏转到 0 Ω 后不再回去,说明电容器内部已_____。

8. 已知某电容器的电容量为 100 μF,现将该电容器充电,使其两端电压达到 10 V,则电容器所储存的电场能为_____。

二、选择题

1. 利用指针式万用表的 $R×1$ k 挡,测量 100 μF 电容器质量的好坏。当表笔分别与电容器两端接触时,指针偏转一定的角度,并很快回到接近于起始位置的地方,则说明该电容器的质量(　　　)。

　A. 好　　　　　　　B. 内部已断路　　　C. 内部已短路　　　D. 无法判断

2. 一般电容器的漏电阻越大,则其质量(　　　)。

　A. 越好　　　　　　　B. 越差　　　　　　　C. 无关　　　　　　　D. 无法判断

3. 在图 4-6 所示电路中,已知 $E=10$ V, $R_1=2$ Ω, $R_2=8$ Ω, $C=50$ μF,电容器 C 充电结束后,其两端的电压为(　　　)。

　A. 10 V　　　　　　　　　　　　　B. 0 V

　C. 8 V　　　　　　　　　　　　　D. 2 V

4. 如果电解电容器性能良好,则其正向漏电阻比反向漏电阻(　　　)。

　A. 大　　　　B. 小　　　　C. 一样　　　　D. 不确定

5. 在电源电路和信号电路中,电容器主要用于实现(　　　)。

　A. 滤波　　　B. 耦合　　　C. 旁路　　　D. 以上都是

6. 在图 4-7 所示电路中,当电路稳定时,增大可变电阻器 R 的阻值,以下说法正确的是(　　　)。

A. 电容器两端的电压升高   B. 电容器两端的电压不变

C. 电容器两端的电压降低   D. 电容器充电

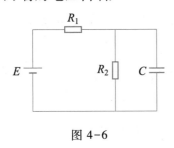

图 4-6

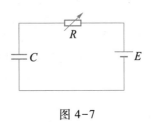

图 4-7

综合测试

一、是非题

1. 任何两个相互靠近又彼此绝缘的导体,都可以看成一个电容器。 （　　）

2. 电容器的电容会随着它所带电荷量的多少而发生变化。 （　　）

3. 某电容器上标有"224"字样,则其标称容量为 224 μF。 （　　）

4. 某电容器上标有"682J"字样,则该电容器的允许误差为±10%。 （　　）

5. 几个电容器串联后,接在直流电源上,那么各个电容器所带的电荷量均相等。

（　　）

6. 某耐压为 250 V 的电容器,接在 220 V 的交流电上能正常工作。 （　　）

7. 电容器本身只进行能量的交换,而并不消耗能量,所以说电容器是一种储能元件。

（　　）

8. 可以用指针式万用表电阻挡的任何一个倍率来检测较大容量电容器质量的好坏。

（　　）

9. 电容器充、放电的快慢与所加电压的大小有关。 （　　）

10. 将"100 μF/25 V"和"10 μF/25 V"的 2 个电容器串联,那么电容器组的额定工作电压为 50 V。 （　　）

二、填空题

1. 1 F = ＿＿＿＿＿＿＿ μF = ＿＿＿＿＿＿＿ pF。

2. 电容器最基本的特性是能够＿＿＿＿＿＿＿＿＿,它具有＿＿＿＿＿＿和＿＿＿＿＿＿的功能。

3. 某 10 μF 的电容器,在其两端加上 12 V 的直流电压,充电结束后,电容器极板上所带的电荷量是＿＿＿＿＿＿＿＿。

4. 某电容器上标明"104G",则该电容器的标称容量为＿＿＿＿＿＿＿＿＿,允许误差为＿＿＿＿＿＿＿＿＿。

5. 电容器按其电容是否可变,可分为_____、_____和_____。

6. 5 个"10 μF/25 V"的电容器串联,等效电容是_____,耐压是_____;若将它们并联,等效电容是_____,耐压是_____。

7. 有"10 μF/100 V"和"20 μF/100 V"的 2 个电容器,将它们串联起来接到 150 V 的直流电源上,则_____电容器两端承受的电压较小,且等于_____。

8. 当电容不够时,可以用几个电容器_____的方法来增大电容;当耐压不够时,可以用几个电容器_____的方法分配电压,使每个电容器都不承受过电压。

9. 在图 4-8 所示电路中,当开关 S 断开时,AB 两端的等效电容是_____;当开关 S 闭合时,AB 两端的等效电容是_____。

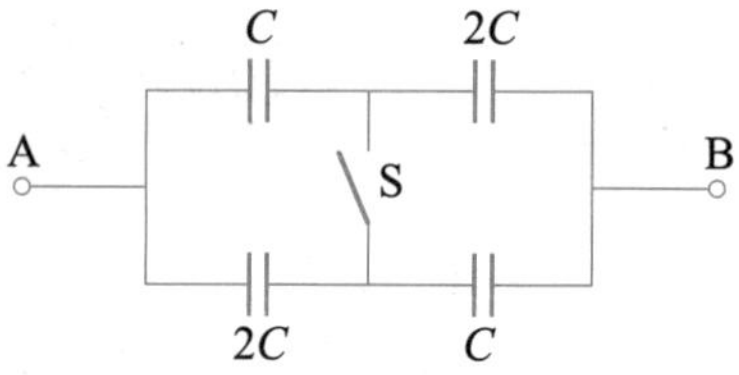

图 4-8

10. 有 2 个参数分别为"15 μF/25 V"和"30 μF/15 V"的电容器,现将它们并联起来接到 10 V 的直流电源上,则它们存储的电荷量分别是_____和_____,此时等效电容是_____;该并联电路允许加的最大工作电压是_____。

11. 若将上题中的 2 个电容器串联后接到 30 V 的直流电源上,则它们存储的电荷量分别是_____和_____,此时等效电容是_____;该串联电路允许加的最大工作电压是_____。

12. 充完电的电容器相当于_____。

三、选择题

1. 电容器两极板之间( )。

A. 能够导电 　　　　　　　　　　B. 不能导电

C. 时而导电时而不导电 　　　　　D. 无法确定

2. 2 个电容器的电容分别为 30 μF 和 60 μF,则二者串联、并联后的总电容分别为( )。

A. 45 μF,90 μF 　　　　　　　　B. 90 μF,45 μF

C. 20 μF,90 μF 　　　　　　　　D. 90 μF,20 μF

3. 判断电解电容器两脚的正、负极性,可采用的方法是( )。

A. 一般长引脚为正极,短引脚为负极

B. 电容器外壳标有"-"号的一端为负极,另一端为正极

C. 用万用表的电阻挡,分别测量电解电容器两极间的漏电阻大小进行判断

D. 以上都可以

4. 在工业上,经常使用电动机等电感性负载,通常采用( )的办法使电网平衡。

A. 串联电容　　　　　　　　　　　B. 并联电容

C. 串联电阻　　　　　　　　　　　D. 并联电阻

5. 电容为 C 的电容器,与电容为 6 μF 的电容器串联,总电容为 $\dfrac{C}{2}$,那么电容 C 为( )。

A. 3 μF　　　　　B. 6 μF　　　　　C. 8 μF　　　　　D. 10 μF

6. 对电容公式 $C = \dfrac{q}{U}$,以下说法正确的是( )。

A. 电容器充电量越大,电容增加越大

B. 电容器的电容与它两端所加的电压成反比

C. 电容器的电容越大,所带的电荷就越多

D. 对于确定的电容器,它所充的电荷量与它两端所加的电压的比值保持不变

7. 某电容器的电容为 100 μF,在不带电时它的电容是( )。

A. 0　　　　　　　　　　　　　　B. 100 μF

C. 大于 100 μF　　　　　　　　　　D. 小于 100 μF

8. 有 2 个电容器,$C_1 > C_2$,若它们所带电荷量相等,则( )。

A. C_1 两端电压高　　　　　　　　B. C_2 两端电压高

C. 两个电压相等　　　　　　　　　D. 无法判断

9. 将电容器 C_1 "10 μF/16 V" 和 C_2 "20 μF/25 V" 并联到 20 V 的电源上,则( )。

A. C_1、C_2 均正常工作

B. C_1 击穿,C_2 正常工作

C. C_2 击穿,C_1 正常工作

D. C_1、C_2 均被击穿

10. 有 2 个电容器 $C_1 = 30$ μF,$C_2 = 50$ μF,耐压均为 25 V,将它们串联起来接到 48 V 的电压上使用,则可能出现的情况是( )。

A. 2 个电容器都能正常工作　　　　B. C_2 先击穿,C_1 后击穿

C. C_1 先击穿,C_2 后击穿　　　　D. C_1、C_2 同时击穿

四、简答与计算题

1. 在图 4-9 所示的电路中,$C_1 = 20$ μF,$C_2 = 5$ μF,电源电压 $U = 500$ V,先将开关 S 扳到 A 点,对 C_1 充电,再将 S 扳到 B 点。求:(1) 当 C_1 和 C_2 连接后两极板间的电压;(2) 每个电容器所带的电荷量。

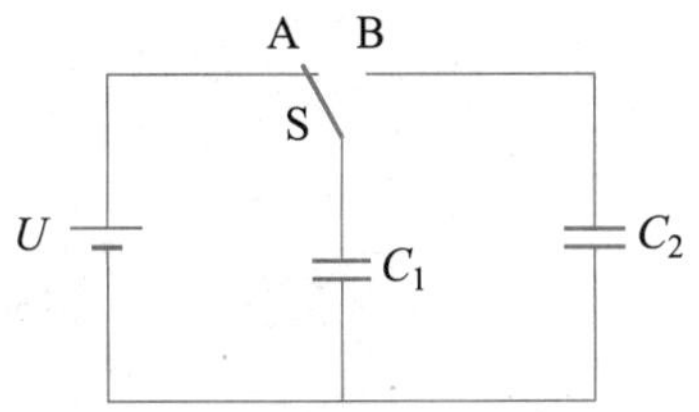

图 4-9

2. 在图 4-10 所示电路中，已知 $C_1 = 30 \ \mu F$，$C_2 = 20 \ \mu F$，$C_3 = 40 \ \mu F$，它们的额定工作电压都是 100 V，求电路的等效电容和最大工作电压。

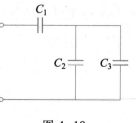

图 4-10

3. 2 个电容器的参数分别为"10 μF/25 V"和"20 μF/25 V"，将它们串联后接到 50 V 的直流电源上，这样使用安全吗？若不安全，则外加电压的最大值是多少？

磁与电磁感应 ━━━

　　磁与电密不可分,几乎所有的电气设备都应用到磁与电磁感应的基本原理,如发电机、电动机、变压器等。

　　本单元学习磁场、电流的磁效应、磁场的基本物理量、铁磁性物质的磁化、磁路的基本概念、电磁感应、电感器、互感及其在工程技术中的应用等相关知识。

$$
\text{磁与电磁感应}
\begin{cases}
\text{磁的基础知识}
\begin{cases}
\text{基本概念:磁体、磁极、磁场、磁感线} \\
\text{基本物理量:磁通、磁感应强度、磁导率、磁场强度} \\
{}^*\text{铁磁性物质的磁化:磁化现象、磁化曲线、} \\
\qquad\qquad\qquad\text{磁滞回线、基本磁化曲线、} \\
\qquad\qquad\qquad\text{磁滞损耗、铁磁材料} \\
{}^*\text{磁路的基本概念:磁路、磁动势、磁阻、磁路欧姆定律}
\end{cases} \\
\text{磁与电}
\begin{cases}
\text{电生磁:电流的磁效应——右手螺旋定则} \\
\text{磁生电:电磁感应}
\begin{cases}
\text{方向:右手定则} \\
\text{自感:自感现象、电感与电感器} \\
{}^*\text{互感:互感现象、同名端、涡流及磁屏蔽}
\end{cases} \\
\text{电与磁相互作用:磁场对电流的作用——左手定则}
\end{cases} \\
\text{技能训练:电感器的识别与检测} \\
\text{技术与应用:充磁与消磁等}
\end{cases}
$$

学法指导

本单元的学习主要包括磁的基础知识、磁与电、电感器的识别与检测以及技术与应用四个方面。本单元学习应侧重于磁与电磁感应的基本原理在工程技术中的具体应用。学习过程中,要注意磁与电的相互联系,学会用电磁理论分析和解决实际问题。

要点提示

一、磁的基础知识

1. 基本概念

① 磁体:某些物体具有吸引铁、钴、镍等物质的性质,称为磁性。具有磁性的物体称为磁体。

② 磁极:磁铁两端磁性最强的区域称为磁极。任何磁铁都有两个磁极,一个称为南极,用 S 表示;另一个称为北极,用 N 表示。

③ 磁场与磁感线:利用磁感线可以形象地描绘磁场,即在磁场中画出一系列曲线,曲线上任意一点的切线方向就是该点的磁场方向。

2. 基本物理量

① 磁通:通过与磁场方向垂直的某一截面上的磁感线的总数,称为通过该截面的磁通量,简称磁通,用字母 Φ 表示。

② 磁感应强度:与磁场方向垂直的单位面积上的磁通,称为磁感应强度,也称磁通密度,用字母 B 表示。

③ 磁感应强度与磁通的关系: $B = \dfrac{\Phi}{A}$。

④ 磁导率:磁导率是一个用来表示介质导磁性能的物理量,用字母 μ 表示。任一物质的磁导率 μ 与真空磁导率 μ_0 的比值称为相对磁导率,用 μ_r 表示。铁磁性物质的 μ_r 远大于1。

⑤ 磁场强度:磁场中某点的磁场强度等于该点的磁感应强度与介质的磁导率 μ 的比值,用字母 H 表示,即 $H = \dfrac{B}{\mu}$。

*3. 铁磁性物质的磁化

① 磁化现象:本来不具有磁性的物质,由于受到磁场的作用而具有磁性的现象称为该物质被磁化。只有铁磁性物质才能被磁化,而非铁磁性物质是不能被磁化的。

② 磁化曲线:铁磁性物质的 B 随 H 而变化的曲线称为磁化曲线,又称 B-H 曲线。

③ 磁滞回线:铁磁性物质经过多次循环被磁化,可以得到一个封闭的对称于原点的 B 随 H 变化的磁化曲线,称为磁滞回线。

④ 基本磁化曲线:在反复交变磁场中,可相应得到一系列大小不一的磁滞回线,连接这些磁滞回线的顶点,得到的一条曲线称为基本磁化曲线。

⑤ 磁滞损耗:铁磁性物质的反复交变磁化,会损耗一定的能量,这是由于在交变磁化时,磁畴要来回翻转,在这个过程中,产生了能量损耗,这种损耗称为磁滞损耗。

⑥ 铁磁材料:一般将铁磁材料分为三类,即硬磁材料、软磁材料和矩磁材料。

*4. 磁路的基本概念

① 磁路:磁通经过的闭合路径称为磁路。

② 磁动势:把通过线圈的电流和线圈匝数的乘积,称为磁动势。

③ 磁阻:磁通通过磁路时所受到的阻碍作用,称为磁阻。用符号 R_m 表示。

④ 磁路欧姆定律:通过磁路的磁通与磁动势成正比,而与磁阻成反比,称为磁路欧姆定律。其公式为

$$\Phi = \dfrac{F_m}{R_m}$$

二、磁与电

1. 电生磁——电流的磁效应

通电导体的周围存在着磁场,这种现象称为电流的磁效应。

① 通电直导线的磁场方向判断:右手握住直导线并把拇指伸开,使拇指指向电流方向,则四指环绕的方向就是磁场方向。

② 通电螺线管的磁场方向判断:用右手握住螺线管,让弯曲的四指所指方向与电流方向一致,则拇指所指的方向就是通电螺线管内部磁感线的方向,也就是说,拇指指向通电螺线管的 N 极。

2. 磁生电

(1)电磁感应

① 电磁感应现象。当闭合电路中的一部分导体在磁场中进行切割磁感线运动时,电路中就有电流产生。另外,只要穿过闭合电路的磁通发生变化,闭合电路中就有电流产生。以上这种利用磁场产生电流的现象称为电磁感应现象,产生的电流称为感应电流。

② 感应电流方向。

右手定则:当闭合电路中的一部分导体进行切割磁感线运动时,感应电流的方向,可用右手定则来判定。伸出右手,让拇指与四指在同一平面,拇指和四指垂直,让磁感线垂直穿过手心,拇指指向导体运动方向,则四指所指的方向就是感应电流的方向。

楞次定律:只要穿过闭合电路的磁通发生变化,闭合电路中就有电流产生。感应电流的方向,总是要使感应电流的磁场阻碍引起感应电流的磁通的变化,这就是楞次定律,它是判断感应电流方向的普遍规律。

③ 电磁感应定律。在电磁感应现象中产生的电动势称为感应电动势。产生感应电动势的那段导体,如切割磁感线的导体和磁通变化的线圈,就相当于电源,感应电动势的方向和感应电流的方向相同。

(2)自感

① 自感现象。由于线圈本身的电流变化而产生的电磁感应现象,称为自感现象。

② 电感。表示各个线圈产生自感磁链能力的物理量称为线圈的自感系数(或称自感量),简称电感,用字母 L 表示。电感的单位是 H。常用单位有 mH、μH,关系为 $1\ H = 10^3\ mH = 10^6\ \mu H$。

③ 电感器。电感器是用绝缘导线绕成一匝或多匝线圈以产生一定自感量的电子元件,常称为电感线圈,简称线圈。电感器是电子电路中常用的元器件之一,主要作用是对交流信号进行隔离、滤波或与电容器、电阻器等组成谐振电路,实现振荡、调谐、耦合、滤波、延迟、偏转等功能。

④ 电感器的参数。电感器有两个重要参数,一个是电感量,另一个是额定电流。电感量一般标注在电感器的外壳上,通常采用直标法或色标法,单位为 μH。额定电流是指电感器在正常工作时所允许通过的最大电流。

*(3)互感

① 互感现象。由于一个线圈的电流变化,导致另一个线圈产生感应电动势的现象,称为互感现象。

互感系数 M 由两个线圈的几何形状、尺寸、匝数、它们之间的相对位置以及介质的磁导率决定,与线圈中电流的大小无关。只有当介质为铁磁材料时,互感系数才与电流有关。

互感现象在电力工程和电子技术中有着广泛的应用。应用互感可以很方便地把能量或信号由一个线圈传递到另一个线圈。日常生活中使用的电源变压器、电流互感器、电压互感器、中周变压器、钳形电流表等都是根据互感原理工作的。

② 同名端。互感线圈由电流变化所产生的自感电动势与互感电动势的极性始终保持一致的端点,称为同名端,反之称为异名端。

电路图中常用小圆点或小星号标出互感线圈的同名端,它反映出互感线圈的极性,也反映了互感线圈的绕向。

③ 涡流和磁屏蔽。将导线绕在金属块上,当变化的电流(交流电)通过导线时,穿过金属块的磁通发生变化,金属块中会产生闭合涡旋状感应电流,这种感应电流称为涡流。将一些元器件屏蔽起来,使其免受外界磁场的影响,这种措施称为磁屏蔽。最常用的屏蔽措施就是利用软磁材料制成屏蔽罩,将需要屏蔽的元器件放在罩内。

(4)电与磁相互作用——磁场对电流的作用

将通电导体放在磁场中会受到电磁力的作用。从本质上讲,电磁力是磁场和通电导体周围形成的磁场相互作用的结果。

电磁力方向的判断——左手定则。伸出左手,让拇指与四指在同一平面内,拇指与四指垂直,让磁感线垂直穿过手心,四指指向电流方向,则拇指所指的方向就是磁场对通电导体的作用力方向。

三、技能训练——电感器的识别与检测

(1)识别

电感器通常分为空心和铁心两大类。电感器有两个重要参数,一个是电感,另一个是额定电流。电感一般标注在电感器的外壳上,通常采用直标法或色标法,单位为 μH。实际的电感线圈常用导线绕制而成,因此,除具有电感外,还具有电阻。

(2)检测

通常用万用表的电阻挡,测量电感线圈两端的直流电阻值。一般高频电感器的直流

电阻在零点几欧至几欧之间;低频电感器的电阻在几百欧至几千欧之间;中频电感器的电阻在几欧至几十欧之间。测量值与其技术标准所规定的数值相比较:若阻值比规定的阻值小得多,则说明线圈存在局部短路或严重短路情况;若阻值很大或趋于无穷大,则表示线圈存在断路情况。

四、技术与应用——充磁与消磁

1. 充磁

在日常生活和工作中,常需要将硬磁性物质磁化使其带有磁性,变为永久磁铁,或将失去磁性的永久磁铁恢复磁性,采用一定方法完成这项工作的过程称为充磁。充磁最好使用专门的充磁机进行,如果没有充磁机,也可采用接触充磁法、通电充磁法、加绕线圈充磁法等。

2. 消磁

当磁化后的材料受到了外来能量的影响,如加热、冲击,其中各磁畴的磁矩方向会变得不一致,磁性就会减弱或消失,此过程称为消磁。

消磁的方法有很多,例如,将带磁物质加热或剧烈振动可以消磁,但通常采用的是交变消磁法。

典题解析

【例 1】 如图 5-1 所示,在电磁铁的左侧放置了一根条形磁铁,当合上开关 S 以后,条形磁铁将会如何运动?

解:合上开关 S 之后,线圈通电,在通电线圈周围产生磁场,根据右手螺旋定则,在通电线圈内部,磁场方向应左侧为 S 极,右侧为 N 极。

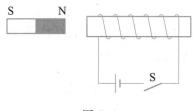

图 5-1

根据异性磁极互相吸引的原则,则条形磁铁将向右运动。

评析:本题是一道综合题,需用到磁的基本知识与电流的磁效应两个基本概念。

【例 2】 试判断图 5-2(a)(b)所示各载流导体的受力方向。

解:

(1)应用左手定则判断图 5-2(a)所示载流导体的受力方向,如图 5-2(c)所示。

(2)应用左手定则判断图 5-2(b)所示载流导体的受力方向,如图 5-2(d)所示。

评析:判断载流导体的受力方向应该用左手定则。

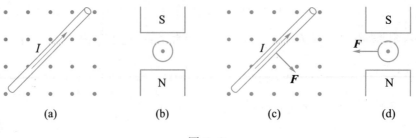

图 5-2

（空白行）

同步训练

5.1　磁的基本概念

一、填空题

1. 电磁铁是利用_____制成的。

2. 某些物质具有吸引_____、_____、_____等物质的性质,称为磁性。具有磁性的物体称为_____。

3. 任何磁铁都有两个极。一个称为_____,用_____表示;另一个称为_____,用_____表示。

4. 磁铁的两个磁极之间存在着相互作用力,同名磁极互相_____,异名磁极互相_____。

5. 磁极之间的相互作用力是通过磁极周围的_____传递的,_____是磁体周围存在的特殊物质。

6. 小磁针静止时_____极所指的方向,就是该点的磁场方向。

7. 磁感线是互不相交的闭合曲线。在磁铁外部,磁感线从_____极到_____极;在磁铁内部,磁感线从_____极到_____极。

8. 磁感线上任意一点的_____方向,就是该点的磁场方向。

9. 通电导体的周围存在着磁场,这种现象称为_____。通电导体周围的磁场方向可用_____定则来判断。

10. 如果将通电直导线绕成螺线管,那么通电螺线管的周围也存在着磁场,通电螺线管相当于一根_____磁铁,磁场方向仍可以用_____定则来判断。

二、选择题

1. 条形磁铁磁场最强的地方是(　　　)。

A. 磁铁两极   B. 磁铁中心点

C. 磁感线中间位置   D. 无法确定

2. 关于磁场和磁感线的描述,正确的说法是(   )。

A. 磁极之间存在着相互作用力,同名磁极互相吸引,异名磁极互相排斥

B. 磁感线可以形象地表示磁场的强弱与方向

C. 磁感线总是从磁极的北极出发,终止于南极

D. 磁感线的疏密反映磁场的强弱,磁感线越密表示磁场越弱,磁感线越疏表示磁场越强

3. 发现电流周围存在磁场的物理学家是(   )。

A. 焦耳   B. 法拉第   C. 奥斯特   D. 安培

4. 判断电流的磁场方向时,用(   )。

A. 右手螺旋定则   B. 右手定则

C. 左手定则   D. 以上方法都可以

5. 如图 5-3 所示,在电磁铁的左侧放置了一根条形磁铁,当合上开关 S 以后,电磁铁与条形磁铁之间(   )。

A. 互相排斥   B. 互相吸引   C. 静止不动   D. 无法判断

6. 在图 5-4 所示电路中,小磁针 N 极将(   )。

A. 垂直纸面向外偏转   B. 垂直纸面向内偏转

C. 静止不动   D. 无法判断

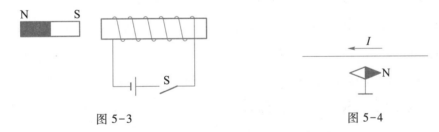

图 5-3   图 5-4

三、判断题

1. 判断图 5-5 所示线圈通电后的磁场方向。

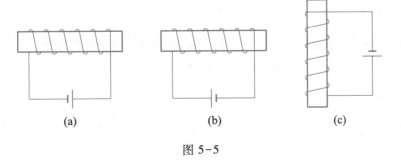

(a)   (b)   (c)

图 5-5

2. 如图 5-6 所示,根据已标明的通电线圈的 N 极和 S 极,判断线圈中的电流方向。

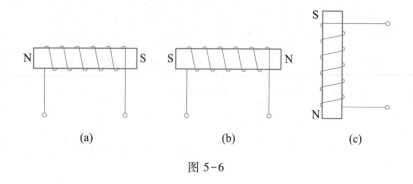

图 5-6

5.2　磁场的基本物理量

一、填空题

1. 通过与磁场方向垂直的某一_____上的磁感线的总数,称为通过该截面的磁通量,简称磁通,用字母_____表示。磁通的单位是_____。

2. 与磁场方向垂直的单位面积上的磁通,称为_____,也称磁通密度,用字母_____表示。

3. 不同的介质对磁场的影响不同,影响的程度与_____的导磁性能有关。

4. 磁导率是一个用来表示介质_____的物理量,用字母_____表示。

5. 相对磁导率只是一个比值,它表明在其他条件相同的情况下,介质的磁感应强度是_____中的多少倍。相对磁导率用字母_____表示。

6. 相对磁导率 μ_r 大于 1 的物质称为_____。

二、选择题

1. 用一个通电的线圈去吸引铁屑,然后在通电线圈中放置一根铁棒后再去吸引铁屑,两种情况下吸力大小不同,后者比前者(　　　)。

A. 大得多　　　　B. 小得多　　　　C. 一样大　　　　D. 无法比较

2. 硅钢片的磁导率比空气的磁导率(　　　)。

A. 小　　　　　　B. 大　　　　　　C. 一样　　　　　D. 无法比较

3. 下列关于磁感应强度和磁场强度描述不正确的是(　　　)。

A. 磁感应强度是定量描述磁场中各点磁场强弱和方向的物理量

B. 磁场中某点的磁场强度等于该点的磁感应强度与介质的磁导率 μ 的比值

C. 磁场强度的单位是 T

D. 在均匀介质中,磁场强度的方向和磁感应强度的方向一致

4. 空气属于(　　　)物质。

A. 顺磁　　　　　　B. 反磁　　　　　　C. 铁磁　　　　　　D. 无法判断

5. 下列关于磁通描述不正确的是(　　　)。

A. 磁通是定量地描述磁场在一定截面分布情况的物理量

B. 当截面的面积一定时,通过该截面的磁通越大,磁场就越强

C. 通过与磁场方向平行的某一截面上的磁感线的总数称为磁通量

D. 磁通的单位是 Wb

*5.3　铁磁性物质的磁化

一、填空题

1. 铁磁性物质放在磁场中很容易被_____。

2. 通常,变压器、继电器、电机等采用相对磁导率高的_____作为绕组的铁心。

3. 非铁磁性物质没有_____的结构,所以不具有_____的特性。

4. 铁磁性物质的_____随外界磁场强度 H 变化的规律称为磁化曲线,又称 B-H 曲线。磁化曲线可以反映出物质的_____特性。

5. 永久磁铁就是利用_____很大的铁磁性物质制成的。

6. 磁滞回线包围的面积越大,磁滞损耗就_____。

7. 一般可将铁磁材料分为_____、_____和_____三类。

二、选择题

1. 磁化曲线的起始段变化(　　　)。

A. 直线上升　　　B. 比较缓慢　　　C. 直线下降　　　D. 比较平坦

2. 硅钢片的导磁性能比铸铁的导磁性能(　　　)。

A. 好　　　　　　B. 差　　　　　　C. 一样　　　　　　D. 无法比较

3. 软磁材料的磁滞回线(　　　),其磁滞损耗相对(　　　)。

A. 狭窄　大　　　B. 较宽　大　　　C. 狭窄　小　　　D. 较宽　小

4. (　　　)材料的磁滞回线呈矩形。

A. 硬磁　　　　　B. 矩磁　　　　　C. 软磁　　　　　D. 以上都是

5. 碳钢属于(　　　)。

A. 硬磁材料　　　B. 矩磁材料　　　C. 软磁材料　　　D. 以上都是

6. 软磁材料的剩磁比硬磁材料(　　　)。

A. 大　　　　　　B. 小　　　　　　C. 一样　　　　　　D. 无法确定

*5.4 磁路的基本概念

一、填空题

1. 磁通经过的＿＿＿＿＿＿＿＿＿称为磁路。

2. 通电线圈产生的磁通与＿＿＿＿＿＿＿＿＿＿＿和所通过的＿＿＿＿＿＿＿的乘积成正比。

3. 把通过线圈的电流和线圈匝数的乘积,称为＿＿＿＿＿＿＿,用符号＿＿＿＿＿＿＿表示,单位是＿＿＿＿＿＿＿。

4. 磁路中磁阻的大小与磁路的长度 l 成＿＿＿＿＿＿＿,与磁路的横截面积 A 成＿＿＿＿＿＿＿,并与组成磁路的＿＿＿＿＿＿＿的性质有关。

5. 通过磁路的磁通与＿＿＿＿＿＿＿成正比,而与＿＿＿＿＿＿＿成反比,称为磁路欧姆定律,用公式表示为＿＿＿＿＿＿＿。

6. 磁路中的某些物理量与电路中的某些物理量有对应关系,＿＿＿＿＿＿＿对应于电流,＿＿＿＿＿＿＿对应于电动势,＿＿＿＿＿＿＿对应于电阻。

7. 将硬磁性物质磁化使其带有磁性,变为永久磁铁,或将失去磁性的永久磁铁恢复磁性,采用一定方法完成这项工作的过程称为＿＿＿＿＿＿＿。

8. 当磁化后的材料受到了外来能量的影响,如加热、冲击,磁性就会减弱或消失,此过程称为＿＿＿＿＿＿＿。

9. 充磁最好使用专门的充磁机进行,如果没有充磁机,也可采用＿＿＿＿＿＿＿＿＿＿＿、＿＿＿＿＿＿＿＿＿＿＿、＿＿＿＿＿＿＿＿＿＿＿等方法。

10. 消磁的方法有很多,例如,将带磁物质加热或剧烈振动可以消磁,但通常采用的是＿＿＿＿＿＿＿＿＿＿＿。

二、选择题

1. 变压器的铁心硅钢片上绕有线圈,当线圈中通以电流后,线圈周围会产生磁场。大部分磁感线(磁通)沿铁心、衔铁和工作气隙构成回路,这部分磁通称为(　　　)。

A. 主磁通　　　　B. 漏磁通　　　　C. 次磁通　　　　D. 全磁通

2. 通电线圈的匝数越少,磁通就(　　　)。

A. 越大　　　　B. 越小　　　　C. 不变　　　　D. 无法确定

3. 磁动势的大小与通过线圈电流的大小(　　　)。

A. 成正比　　　　B. 成反比　　　　C. 无关　　　　D. 无法判断

4. 关于消磁,下列描述不正确的是(　　　)。

A. 显示器一般具有自动消磁功能

B. 为能达到自动消磁的效果,使用时最好保证显示器周围没有强的磁场

C. 关机时,应先将电源关掉,再关显示器

D. 交变消磁法是把留有磁性的材料置于交变磁场中,渐渐减弱交流磁场强度直至消失

5.5 磁场对电流的作用

一、填空题

1. 通电导体在磁场中所受的作用力称为_____,也称_____。

2. 从本质上讲,电磁力是_____和通电导体周围形成的磁场相互作用的结果。

3. 当导体与磁感线方向平行放置时,导体受到的电磁力为_____;当导体与磁感线方向垂直放置时,导体受到的电磁力_____。

4. 左手定则:伸出左手,让拇指与四指在_____内,拇指与四指_____,让磁感线_____穿过手心,四指指向_____方向,则拇指所指的方向就是磁场对通电导体的作用力方向。

5. 通电矩形线圈放在磁场中会受到_____的作用。

6. 当线圈平面与磁感线平行时,线圈受到的转矩_____;当线圈平面与磁感线垂直时,线圈受到的转矩为_____。

二、选择题

1. 电磁力的方向可用(   )判断。

A. 右手定则   B. 右手螺旋定则

C. 左手定则   D. 以上都不行

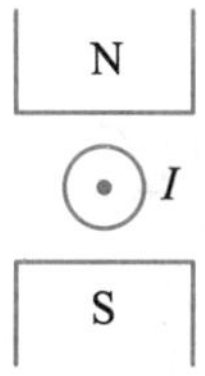

2. 如图 5-7 所示,通电直导体受到的电磁力方向为(   )。

A. 向左   B. 向右   C. 向上   D. 向下

3. 如图 5-8 所示,一通电的矩形线圈 abcd 放在磁感应强度为 B 的磁场中,则以下说法正确的是(   )。

A. ab 边会受到方向向上的电磁力

B. cd 边会受到方向向下的电磁力

C. ad 边会受到方向垂直纸面向里的电磁力

D. bc 边会受到方向垂直纸面向里的电磁力

4. 如图 5-9 所示,通电直导线 l 与通电闭合线圈 abcd 在同一平面内,不计重力,若直导线固定,那么闭合线圈 abcd 的运动情况是(   )。

A. 向上运动   B. 向下运动

C. 向线圈中心缩小   D. 向线圈四周扩张

图 5-7

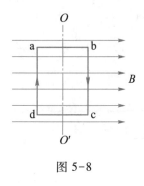

图 5-8

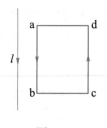

图 5-9

三、判断题

试判断图 5-10 所示各载流导体的受力方向。

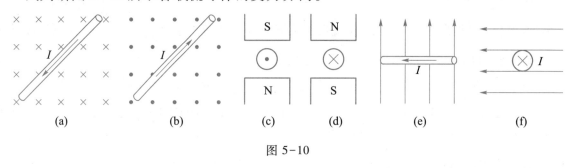

(a)   (b)   (c)   (d)   (e)   (f)

图 5-10

5.6　电磁感应

一、填空题

1. 当闭合回路中的一部分导体在_____中进行切割磁感线运动时,闭合回路中就有_____产生,把这种利用磁场产生电流的现象称为_____,由此产生的电动势称为_____,产生的电流称为_____。

2. 当通过闭合线圈中的_____发生变化时,线圈中会产生感应电流。

3. 导线进行切割磁感线运动时产生的感应电流的方向,可以用_____判断。

4. 右手定则:伸出右手,让拇指与四指在_____平面,拇指和四指垂直,让磁感线垂直穿过_____,拇指指向导体_____方向,则四指所指的方向,就是_____的方向。

二、选择题

1. 在电磁感应现象中,下列说法正确的是(　　　)。

A. 导体相对磁场运动,导体内一定会产生感应电流

B. 导体进行切割磁感线运动,导体内一定会产生感应电流

C. 穿过闭合电路的磁通发生变化,电路中就一定有感应电流

D. 闭合电路在磁场内进行切割磁感线运动,电路中就一定有感应电流

2. 产生感应电流的条件是(　　)。

A. 导体进行切割磁感线运动

B. 闭合回路中的一部分导体在磁场中进行切割磁感线运动

C. 闭合回路中的全部导体在磁场中进行切割磁感线运动

D. 闭合回路中的一部分导体在磁场中沿磁感线运动

3. 当同一磁铁在闭合的线圈中快速插入或拔出时,则(　　)。

A. 闭合的线圈中会产生感应电流,插入与拔出时感应电流的方向相反

B. 闭合的线圈中会产生感应电流,插入与拔出时感应电流的方向相同

C. 闭合的线圈中不会产生感应电流

D. 以上说法都不对

4. 当磁铁插入闭合的线圈中静止不动时,则(　　)。

A. 闭合的线圈中会产生感应电动势

B. 闭合的线圈中会产生感应电流

C. 闭合的线圈中不会产生感应电流

D. 以上说法都不对

三、判断题

如图 5-11 所示,试判断各闭合回路运动导体中的感应电流的方向。

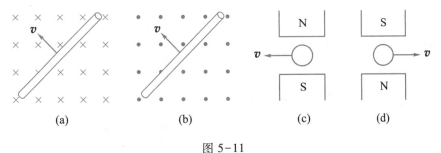

(a)　　　　(b)　　　　(c)　　　　(d)

图 5-11

5.7　电感与电感器

一、填空题

1. 由于线圈本身的_____变化而产生的_____,称为自感现象。

2. 为表明各个线圈产生自感磁链的能力,将线圈的_____与_____的比值称为线圈的自感系数,简称_____,用字母_____表示。

3. 电感的单位是_____。常用单位有_____、_____。

4. 空心电感线圈的电感是一个_____,它与电流的大小_____,是由线圈本身的特性所决定的,它与线圈的_____、_____、_____和_____

有关。

5. 铁心电感线圈的电感不是一个_____,其电感的大小会随_____的变化而变化。

6. 实际的电感线圈常用导线绕制而成,因此,除具有电感外,还具有_____。

7. 电感具有双重的意思,它既是电路中的一个_____,又是电路中的一个_____。

8. 使用中,电感器的实际工作电流必须_____额定电流,否则电感线圈将会严重_____甚至烧毁。

9. 通常用万用表的_____挡测量电感线圈两端的直流电阻值。测量值与其技术标准所规定的数值相比较:若阻值比规定的阻值小得多,则说明线圈存在_____或_____情况;若阻值很大或趋于无穷大,则表示线圈存在_____情况。

二、选择题

1. 铁心电感线圈的电感属于( )。

A. 线性电感   B. 非线性电感

C. 时而线性时而非线性   D. 以上都不对

2. 空心电感线圈的电感大小与通过电感的电流大小( )。

A. 无关   B. 有关   C. 不确定   D. 无法判断

3. 电感器有两个重要参数,一个是电感,另一个是( )。

A. 额定电压   B. 额定功率   C. 额定电流   D. 额定电阻

4. 在线圈中放置铁心或磁心以后,其电感会( )。

A. 增大   B. 减小   C. 不确定   D. 无法判断

5. 中频电感器的电阻在( )之间。

A. 零点几欧至几欧   B. 几欧至几十欧

C. 几百欧至几千欧   D. 不确定

6. 如果线圈的长度变短,横截面积和匝数不变,则其电感( )。

A. 不变   B. 减小   C. 增大   D. 无法判断

7. 图 5-12 所示为( )的符号。

图 5-12

A. 空心线圈   B. 铁心线圈

C. 实际线圈   D. 以上都不对

8. 如图 5-13 所示,在开关 S 断开的瞬间,( )。

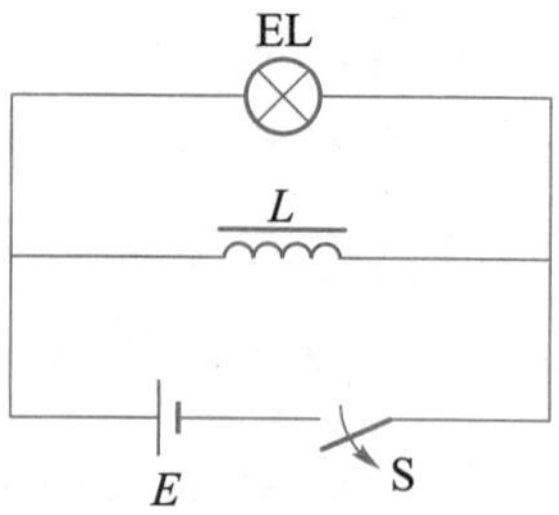

A. 灯立即熄灭

B. 灯突然发出很强的亮光,然后才熄灭

C. 灯突然熄灭,然后发出很强的亮光后再熄灭

D. 以上说法都不对

图 5-13

*5.8 互感及其应用

一、填空题

1. 由于一个线圈的电流变化,导致另一个_____产生感应电动势的现象,称为互感现象。

2. 互感电动势的大小不仅与第一个线圈中_____的大小有关,而且还与两个线圈的_____有关,用公式表示为_____。

3. 互感有时也会带来害处。例如,有线电话常会由于两路电话间的_____而导致串音。在无线电技术中,若线圈_____安放不当,线圈间会因互感而相互干扰,影响设备的正常工作。

4. 在高频电路中,常用_____制成屏蔽罩。

二、选择题

1. 如图 5-14 所示,当开关 S 闭合或断开瞬间,线圈 B 中的检流计( )。

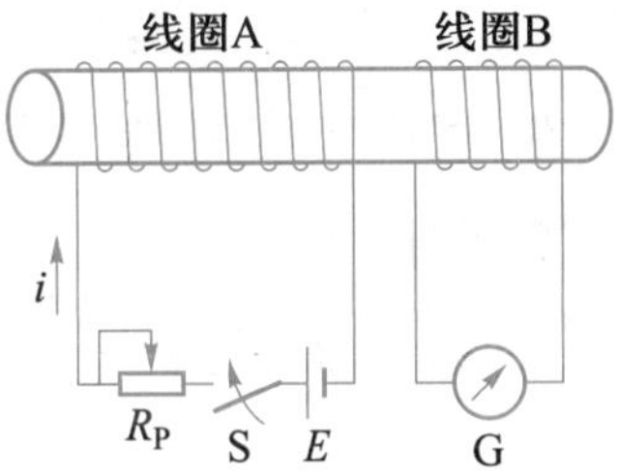

A. 静止不动　　　　B. 发生偏转

C. 无法判断　　　　D. 以上都不对

图 5-14

2. 以下根据互感原理工作的设备是( )。

A. 电源变压器　　B. 电流互感器　　C. 电压互感器　　D. 以上都是

3. 为消除互感,常把相邻的两个线圈( )放置。

A. 垂直　　　　B. 平行　　　　C. 近距离　　　　D. 成 45°角

4. 只有当介质为( )时,互感系数才与电流有关。

A. 绝缘材料　　B. 半导体材料　　C. 铁磁材料　　D. 以上都行

*5.9 互感线圈的同名端及实验判定

一、填空题

1. 把互感线圈由电流变化所产生的_____与_____的极性始终保持_____的端点,称为同名端。

2. 同名端反映出_____的极性,也反映了_____的绕向。

3. 在电路图中,一般不画线圈的_____,而是用规定的符号表示线圈,再标明它们的同名端。

4. 当线圈的绕向无法确定时,可以应用_____来判别两线圈的同名端。

二、选择题

1. 如图 5-15 所示,以下说法正确的是(　　)。

A. 线圈 1 的 A 端与线圈 2 的 C 端是同名端

B. 线圈 1 的 A 端与线圈 2 的 D 端是同名端

C. 线圈 1 的 B 端与线圈 2 的 D 端是同名端

D. 以上都不正确

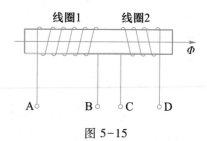

图 5-15

2. 如图 5-16 所示,A、B、C、D 四个端点之间是同名端的是(　　)。

A. A 与 C、B 与 D 　　　　　　　B. A 与 D、B 与 C

C. A 与 B、C 与 D 　　　　　　　D. 以上都正确

3. 图 5-17 所示为同名端的实验判定电路。当迅速闭合开关 S,电压表的指针向正刻度方向偏转,则(　　)。

A. 线圈 1 的 A 端与线圈 2 的 C 端是同名端

B. 线圈 1 的 B 端与线圈 2 的 C 端是同名端

C. 线圈 1 的 A 端与线圈 2 的 D 端是同名端

D. 以上都不正确

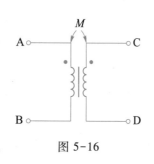

图 5-16

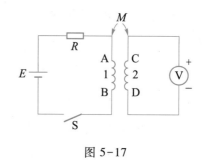

图 5-17

[*] 5.10　涡流与磁屏蔽

填空题

1. 将导线绕在金属块上,当变化的电流通过导线时,穿过金属块的磁通发生变化,金属块中会产生＿＿＿＿＿＿＿＿＿＿感应电流,这种感应电流称为＿＿＿＿＿。

2. 为了减小＿＿＿＿＿,电机和变压器的铁心通常采用涂有绝缘漆的＿＿＿＿＿＿叠压而成。

3. 在一些特殊的场合,涡流可以被利用。例如,在冶金工业上,利用涡流的＿＿＿＿＿,制成高频感应炉来冶炼金属。

4. 将一些器件屏蔽起来,使其免受外界＿＿＿＿＿的影响,这种措施称为磁屏蔽。

5. 最常用的屏蔽措施就是利用_____制成屏蔽罩,将需要屏蔽的器件放在罩内。

6. 在装配器件时,应将相邻两线圈相互_____放置,使两线圈产生的互感电动势刚好互相_____,从而起到消除_____的作用。

综合测试

一、是非题

1. 磁感线的方向总是从 N 极指向 S 极。　　　　　　　　　　　　（　　）

2. 两根靠得很近的相互平行的直导线,若通以相同方向的电流,则它们互相吸引。

　　　　　　　　　　　　　　　　　　　　　　　　　　　　　　（　　）

3. 通电螺线管的周围存在着磁场,磁场方向可用左手定则判断。　　（　　）

4. 磁导率是一个用来表示介质导磁性能的物理量。　　　　　　　　（　　）

5. 软铁棒是一种铁磁性物质,不容易被磁化,但容易去磁。　　　　（　　）

6. 铁磁性物质和非铁磁性物质都具有磁化的特性。　　　　　　　　（　　）

7. 永久磁铁是利用剩磁很大的铁磁性物质制成的。　　　　　　　　（　　）

8. 通电导体放在磁场中会受到电磁力的作用,电磁力的方向可用右手定则判断。

　　　　　　　　　　　　　　　　　　　　　　　　　　　　　　（　　）

9. 当线圈中的电流增加时,自感电流与原电流方向相反。　　　　　（　　）

10. 线圈的铁心是由许多薄硅钢片叠压而成,而不是整块金属,这样做是为了节约金属材料。　　　　　　　　　　　　　　　　　　　　　　　　　　　　（　　）

二、填空题

1. 物质具有吸引_____等物质的性质,称为磁性。具有磁性的物体称为_____。

2. 通电导体的周围存在着磁场,磁场方向与电流方向的关系可用_____来判断。

3. 磁导率是用来表示介质_____的物理量,根据磁导率的大小,可将物质分成_____、_____和_____。

4. 通电导体周围存在磁场的现象称为_____,利用磁场产生电流的现象称为_____。

*5. 本来不具有磁性的物质,由于受到磁场的作用而具有_____的现象称为该物质被磁化。只有_____才能被磁化,而_____是不能被磁化的。

*6. 铁磁材料一般可分为_____、_____和_____。变压器的铁心通常采用_____材料,如_____。

7. 通电直导体放在磁场中所受的作用力称为_____,也称_____,其方向用

_____判断。当导体与磁感线方向平行放置时,导体受到的电磁力为_____;当导体与磁感线方向垂直放置时,导体受到的电磁力_____。

8. 当通过线圈的_____发生变化时,线圈中要产生感应电动势。

9. 由通过线圈本身的电流_____引起的电磁感应,称为自感。

10. 电感线圈通常可分为_____和_____两大类。

11. 电感器有两个重要参数,一个是_____,另一个是_____。

12. "电感"具有双重的意思,它既是电路中的一个_____,又是电路中的一个_____。

三、选择题

1. 条形磁铁磁性最强的部位是(   )。

A. N 极　　　　　B. S 极　　　　　C. 两极　　　　　D. 中间

2. 两根靠得很近的相互平行的直导线,若通以相反方向的电流,则它们的相互作用是(   )。

A. 相互排斥　　　B. 相互吸引　　　C. 静止不动　　　D. 无法判断

3. 线圈中的磁通(   )时,线圈中就有感应电动势产生。

A. 很小　　　　　B. 不变　　　　　C. 发生变化　　　D. 很大

4. 如图 5-18 所示,3 个线圈的同名端是(   )。

A. A、B、C 端子　　　　　　　　B. A、B、Z 端子
C. A、Y、C 端子　　　　　　　　D. A、Y、Z 端子

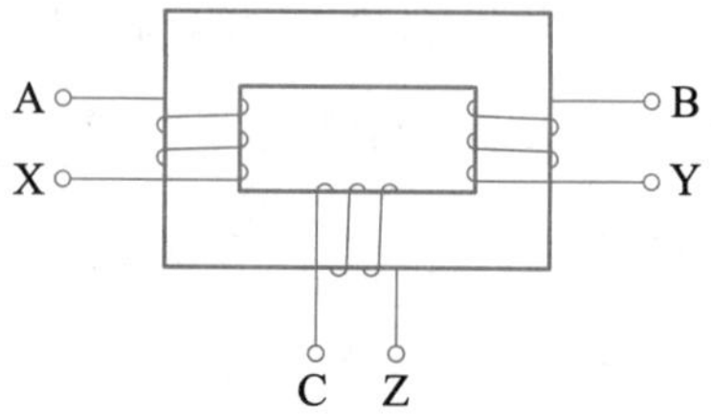

5. 线圈电感的单位是(   )。

A. H　　　　　　　　　　　　　B. F
C. Wb　　　　　　　　　　　　D. T

图 5-18

6. 若一通电直导线在匀强磁场中受到的电磁力为零,这时通电直导线与磁感线的夹角为(   )。

A. 0°　　　　　　B. 90°　　　　　C. 30°　　　　　D. 60°

7. 最常用的屏蔽措施就是利用(   )制成屏蔽罩。

A. 非铁磁性材料　　　　　　　　B. 硬磁材料
C. 软磁材料　　　　　　　　　　D. 矩磁材料

8. 关于互感,以下描述正确的是(   )。

A. 应用互感不能把能量或信号由一个线圈传递到另一个线圈

B. 互感系数与两个线圈之间的相对位置没有关系

C. 当介质为铁磁材料时,互感系数与电流无关

D. 互感有时也会带来害处

9. 通常用万用表的(　　)挡检测电感线圈两端的直流电阻。

A. 电流　　　　　B. 电压　　　　　C. 电阻　　　　　D. 无法确定

10. 关于电感,以下说法正确的是(　　)。

A. 工程上常在线圈中放置铁心或磁心来获得较大的电感

B. 线圈的电感与电流有关,与介质无关

C. 自感系数与电感是两个不同的概念

D. 线圈的电感与线圈的匝数无关

四、分析与判断题

1. 如图 5-19 所示,根据已标明的通电线圈的 N 极和 S 极,判断线圈中的电流方向。

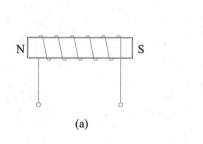

图 5-19

2. 试判断图 5-20 所示各载流导体的受力方向。

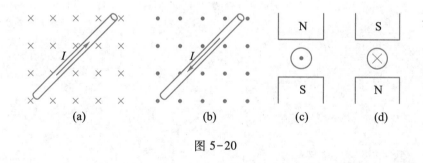

图 5-20

3. 如图 5-21 所示,试判断各闭合回路运动导体中的感应电流的方向。

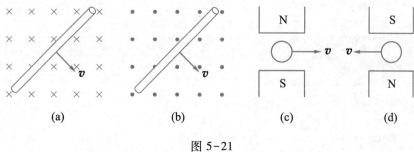

图 5-21

正弦交流电 ——————

在现代工农业生产和日常生活中,除必须用直流电的少数情况外,广泛使用交流电,如工厂中的动力设备电路、家庭中的照明电路等都是正弦交流电路。与直流电相比,交流电有许多优点:交流电可以用变压器改变电压,便于输送、分配和使用;交流电动机结构简单、成本低、使用维护方便等。

本单元学习交流电的基本概念、表示方法和基本的测量、观察方法。

基础知识
├─ 基本概念:瞬时值、波形图等
├─ 三要素
│   ├─ 有效值(或最大值)
│   ├─ 频率(或周期、角频率)
│   └─ 初相
└─ 基本物理量的测量:交流电压、电流、频率

正弦交流电

表示法
├─ 解析式表示法
├─ 波形图表示法
└─ 矢量图表示法

技能训练
├─ 正弦交流电的识别、测量与测试
└─ 函数信号发生器、示波器和交流毫伏表的使用

技术与应用:交流发电机

学法指导

本单元的学习主要包括正弦交流电的基础知识,正弦交流电的表示法,正弦交流电的识别、测量与测试,以及技术与应用四个方面。学习中可结合生产生活实际,加深对正弦交流电基本概念、三要素及表示法等知识的理解;可通过实践操作与训练,学会正弦交流电的识别、测量与测试,了解函数信号发生器、示波器和交流毫伏表的使用;通过阅读技术与应用,了解交流发电机的工作过程。

要点提示

一、正弦交流电的基础知识

1. 基本概念

规定大小和方向都随时间按正弦规律进行周期性变化的交流电称为正弦交流电。交流电的电压或电流在变化过程的任一瞬间,都有确定的大小和方向,称为交流电的瞬时值。

通过波形图可以直观地了解电压或电流随时间按正弦曲线变化的规律。

2. 三要素

描述交流电的物理量有瞬时值、最大值、有效值、周期、频率、角频率、相位和初相等。

其中有效值(或最大值)、频率(或周期、角频率)和初相称为正弦交流电的三要素。

（1）有效值与最大值之间的关系为

$$有效值 = 最大值 / \sqrt{2}$$

（2）角频率、频率与周期之间的关系为

$$\omega = \frac{2\pi}{T} = 2\pi f$$

（3）两个交流电的相位之差称为相位差。如果它们的频率相同,相位差就等于初相之差,即

$$\Delta\varphi = \varphi_{01} - \varphi_{02}$$

相位差确定了两个正弦量之间的相位关系(超前或滞后)。

当 $\Delta\varphi = 0$ 时,称为两个交流电同相;当 $\Delta\varphi = \pi$ 时,称为两个交流电反相;当 $\Delta\varphi = \pi/2$ 时,称为两个交流电正交。

注意:瞬时值用小写字母表示,如电压、电流的瞬时值分别用小写字母 u、i 表示;有效值、最大值用大写字母表示,如电压、电流、电动势的有效值和有功功率,分别用大写字母 U、I、E、P 表示。

3. 基本物理量的测量

（1）交流电压大小的测量。对于数值相对较大的交流电,其电压有效值的大小可以通过交流电压表或万用表的交流电压挡进行测量;对于数值相对较小的交流信号,其信号电压有效值的大小可通过交流毫伏表进行测量。另外,也可通过示波器观察交流电或交流信号的波形图,从波形图中得出其峰−峰值、最大值,然后再计算出有效值。

（2）交流电流大小的测量。对于数值相对较大的交流电,其电流有效值的大小可通过钳形电流表进行测量,钳形电流表测量的优势是可在不断开线路的情况下进行。一般情况下交流电流的测量也可通过交流电流表或万用表的交流电流挡进行。

（3）测量交流电的频率一般用频率计。也可通过示波器观察交流电的波形图,从波形图中读出周期,然后再换算出频率。

二、正弦交流电的表示法

1. 解析式表示法

用正弦函数式表示正弦交流电随时间变化的关系称为解析式表示法。正弦交流电的瞬时值表达式就是交流电的解析式。其表达方式为

$$瞬时值 = 最大值 \sin(角频率\ t + \varphi_0)$$

则电流、电压、电动势的解析式分别为

$$i = I_m \sin(\omega t + \varphi_{i0})$$

$$u = U_m \sin (\omega t + \varphi_{u0})$$

$$e = E_m \sin (\omega t + \varphi_{e0})$$

2. 波形图表示法

用正弦曲线表示正弦交流电随时间变化的关系称为波形图表示法,简称波形图。用横坐标表示电角度 ωt 或时间 t,纵坐标表示随时间变化的电流、电压和电动势的瞬时值,波形图可以完整地反映正弦交流电的三要素,图 6-1 所示为电压波形图。

3. 矢量图表示法

旋转矢量是一个在直角坐标系中绕原点旋转的矢量,它是相位随时间变化的矢量。用旋转矢量表示正弦量时,不可能把每一时刻的位置都画出来。因此,只需画出旋转矢量的起始位置,即旋转矢量的长度为正弦量的最大值,旋转矢量的起始位置与 x 轴正方向的夹角为正弦量的初相 φ_0,而角速度不必标明。由此可见,一个正弦量只要它的最大值和初相确定后,表示它的矢量就可确定。旋转矢量通常用大写字母上加黑点的符号来表示,如用 $\dot{I}_m$、$\dot{U}_m$ 和 $\dot{E}_m$ 分别表示电流矢量、电压矢量和电动势矢量的最大值。在实际应用中常采用有效值矢量图。这样,矢量图中的长度就变为正弦量的有效值。有效值矢量用 $\dot{I}$、$\dot{U}$、$\dot{E}$ 表示,图 6-2 所示为有效值为 U、初相为 φ_0 的电压矢量图。

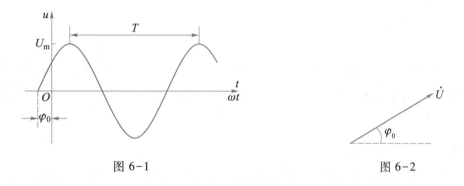

图 6-1　　　　　　　　　　　图 6-2

正弦交流电可以用解析式、波形图和矢量图表示。解析式是正弦交流电常见的表示方法,波形图比较直观,它们都能完整地表示正弦交流电,但进行正弦量加、减运算比较麻烦。矢量图是分析同频率正弦交流电路的常用工具。

三、技能训练

1. 正弦交流电的识别、测量与测试

（1）正弦交流电符号与大小的识别。正弦交流电一般用字母"AC"或符号"~"表示,其大小通常用有效值表示。例如,"AC 220 V 输出"表示该插座中能输出有效值为 220 V 的正弦交流电压。

（2）正弦交流电压的测量。测量交流电压一般用交流电压表,工程上,通常用万用表

的交流电压挡进行测量。测量之前应先选择合适的挡位与量程,建议先将挡位与量程选择开关置于交流 760 V 挡,然后根据被测值的大小逐渐减小,直到合适为止。

（3）正弦交流电流的测量。测量交流电流一般用交流电流表。实际使用中,通常用万用表的交流电流挡进行测量。工程上通常使用钳形电流表来测量线路中的电流。钳形电流表是一种测量交流电流的专用仪表,其最大特点是,可在不断开线路的情况下测量线路中的电流。

（4）交流电的测试。测试交流电通常用试电笔。试电笔又称电笔,是一种用来测试导线、开关、插座等电器是否带电的工具。试电笔由氖泡、电阻、弹簧、笔身和笔尖等组成。

2. 函数信号发生器、示波器和交流毫伏表的使用

（1）函数信号发生器。函数信号发生器按需要输出正弦波、方波、三角波三种信号波形。函数信号发生器作为信号源,它的输出端不允许短路。

（2）示波器。示波器是一种用途很广的电子测量仪器,它既能直接显示电信号的波形,又能对电信号进行各种参数的测量。主要由显示屏和操作面板两部分组成。

（3）交流毫伏表。交流毫伏表只能在其工作频率范围之内,用来测量正弦交流电压的有效值。一般使用交流毫伏表来测量纹波电压,因为交流毫伏表只对交流电压响应,并且灵敏度比较高,可测量很小的交流电压。

四、技术与应用——电能和发电

目前使用最广泛的交流电是由交流发电机发送的,推动发电机运转需要其他形式的能量,按照能量供给的不同,发电方式可分为火力发电、风力发电、水力发电、太阳能发电、核能发电等。

1. 交流发电机

交流发电机是根据电磁感应原理制成的。它通常由定子、转子、端盖、轴承等部件构成。定子和转子是它的核心部件。

2. 清洁能源发电

清洁能源发电是通过水能、风能、太阳能、核能推动发电机运转实现发电,或者通过半导体器件将太阳光能直接转换为电能来发电,我国在清洁能源发电领域已经处于世界领先地位。

3. 循环能源发电

垃圾焚烧发电已成为生活垃圾减量化、无害化、资源化的重要手段,在现代社会中充分体现出资源循环利用、变废为宝、消除污染、美化环境等优点。2022 年,我国近 30 个城市的 100 座垃圾焚烧炉已安装上人工智能控制系统,通过人工智能技术控制,使垃圾焚烧的环保指标更稳定,提升单位发电量,全年可多发 3.6 亿度绿色电能,相当于一个中型水电站的发电量。

【例1】 已知两个正弦交流电的解析式分别为 $u = 100\sin(100\pi t + 30°)$ V，$i = 5\sqrt{2}\sin(100\pi t - 45°)$ A。试求：（1）它们的三要素；（2）它们的相位差，并说明相位关系；（3）绘制出它们的矢量图。

解：

（1）三要素求解

有效值分别为
$$U = \frac{U_m}{\sqrt{2}} = \frac{100}{\sqrt{2}} \text{ V} \approx 70.7 \text{ V}$$

$$I = \frac{I_m}{\sqrt{2}} = \frac{5\sqrt{2}}{\sqrt{2}} \text{ A} = 5 \text{ A}$$

频率均为
$$f = \frac{\omega}{2\pi} = \frac{100\pi}{2\pi} \text{ Hz} = 50 \text{ Hz}$$

初相分别为
$$\varphi_u = 30°$$
$$\varphi_i = -45°$$

（2）它们的相位差
$$\Delta\varphi = \varphi_u - \varphi_i = 30° - (-45°) = 75°$$

其相位关系为电压超前电流 75°。

（3）绘制出它们的矢量图，如图 6-3 所示。

评析： 正确求解此题，必须熟练掌握正弦交流电的基本概念、三要素及正弦交流电的解析式与矢量图的表示法。

【例2】 已知两个同频率的正弦交流电 u_1、u_2，其波形如图 6-4 所示。试分析它们之间的相位关系。

解： 从波形图中可以看出，u_1 的初相为零，u_2 的初相大于零，则 u_1、u_2 的相位关系应该为 u_2 超前 u_1。

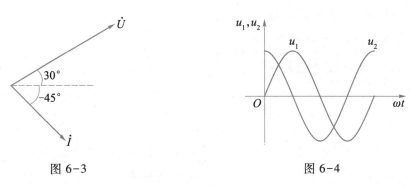

图 6-3　　　　　　　　　　　　图 6-4

评析：分析此题的关键在于,要掌握从波形图中解读初相的正、负。一般,波形图的起点在原点,其初相为零;起点在纵坐标的正方向,其初相为正;起点在纵坐标的负方向,其初相为负。

同步训练

6.1　正弦交流电的基本概念

一、填空题

1. 正弦交流电一般用字母_____或符号_____表示,其大小通常用_____表示。

2. "AC 220 V 输出"表示该插座中能输出有效值为_____的正弦交流电压。

3. 正弦交流电的波形可通过_____进行观察。

4. 测量交流电压一般用_____,工程上,通常用万用表的_____挡进行测量。

5. 测量交流电流一般用_____,工程上,通常用万用表的_____挡进行测量。

6. _____是一种测量交流电流的专用仪表,其最大特点是,可在不断开线路的情况下测量线路中的电流。

7. 测试交流电通常用_____。

8. 交流电的电压或电流在变化过程的任一瞬间,都有确定的大小和方向,称为交流电的_____。

二、选择题

1. 交流电的瞬时值通常用(　　　)表示。

A. 大写字母　　　　B. 小写字母　　　　　C. 不确定　　　　　D. 以上都不对

2. 关于正弦交流电,以下说法不正确的是(　　　)。

A. 大小和方向都随时间进行周期性变化

B. 其波形可用示波器进行观察

C. 大小随时间变化,方向不变

D. 有效值通常用大写字母表示

3. 用万用表测交流电压与电流时,在不知被测量大小的情况下,其量程的选择应(　　　)。

A. 从大到小,直到合适为止　　　　　B. 从小到大,直到合适为止

C. 从大到小或从小到大　　　　　　　D. 以上都不对

4. 钳形电流表的最大特点是(　　)。

A. 测量值准确

B. 与被测值并联

C. 与被测值串联

D. 可在不断开线路的情况下进行测量

5. 低压试电笔的测试范围为(　　)。

A. 60~500 V　　　　B. 30~220 V　　　　C. 50~380 V　　　　D. 220~500 V

6. 关于试电笔,以下说法不正确的是(　　)。

A. 试电笔又称电笔

B. 试电笔是一种用来测试导线、开关、插座等电器是否带电的工具

C. 使用时可以用手接触前面的金属部分

D. 试电笔由氖泡、电阻、弹簧、笔身和笔尖等组成

三、简答题

1. 写出使用万用表测"交流 220 V 电压"的操作过程及注意事项。

2. 简述试电笔的正确使用方法。

6.2　正弦交流电的基本物理量与测量

一、填空题

1. 用万用表测得的交流电的数值是_____,最大值和有效值之间的关系为_____。有效值为 220 V 的交流电,其最大值为_____。

2. 若电容器应用在正弦交流电路中,其耐压一定要高于交流电的_____值。

3. 使用交流电的电气设备上所标的额定电压和额定电流的数值指的是_____值。

4. 正弦交流电完成一次周期性变化所需要的时间,称为正弦交流电的_____;正弦交流电在 1 s 内完成周期性变化的次数,称为正弦交流电的_____。

5. 我国供电系统中,交流电的频率是_____ Hz,习惯上称为_____,周期为_____。

6. 测量频率一般用_____。

7. 规定初相的变化范围一般为_____。

8. 正弦交流电的相位差,表明了两个交流电在时间上_____或_____的关系,即相位关系。

9. _____、_____和_____称为正弦交流电的三要素。

10. 已知一正弦交流电流 $i = 6\sqrt{2}\sin(314t+45°)$ A,则其最大值为_____,有效值为

_____,角频率为_____,频率为_____,周期为_____,初相为_____。

11. 已知 2 个正弦交流电的瞬时值表达式分别为：$u_1 = 20\sqrt{2}\sin(314t-60°)$ V，$u_2 = 10\sin(314t+30°)$ V，它们的相位差是_____，其相位关系为_____。

12. 已知某正弦交流电流，当 $t=0$ 时，电流 $i=5$ A，初相为 30°，则该正弦交流电流的最大值是_____。

二、选择题

1. 正弦交流电的最大值等于有效值的(　　)倍。

A. 2 　　　　　B. 3 　　　　　C. $\sqrt{2}$ 　　　　　D. $\sqrt{3}$

2. 2 个同频率的正弦交流电的相位差等于 90°时，它们的相位关系是(　　)。

A. 同相 　　　B. 反相 　　　C. 正交 　　　D. 相等

3. 某电容器的耐压为 250 V，把它接到正弦交流电路中使用时，加在电容器上的交流电压有效值可以是(　　)。

A. 250 V 　　　B. 200 V 　　　C. 188 V 　　　D. 150 V

4. 某电热器接在 10 V 的直流电源上，产生一定的热效应。把它改接到交流电源上，使其产生的热效应是直流时的一半，则交流电源电压最大值应该是(　　)。

A. 5 V 　　　　B. 7.07 V 　　　C. 10 V 　　　D. 14 V

5. 以下不可以用来表示正弦交流电变化快慢的物理量是(　　)。

A. 周期 　　　　B. 频率 　　　C. 角频率 　　　D. 初相

6. 频率为 100 Hz 的正弦交流电，其周期和角频率分别为(　　)。

A. 0.02 s、314 rad/s 　　　　　　B. 0.01 s、314 rad/s

C. 0.02 s、628 rad/s 　　　　　　D. 0.01 s、628 rad/s

6.3　正弦交流电的表示法

一、填空题

1. 用正弦函数式表示正弦交流电随时间变化的关系的方法称为_____；用正弦曲线表示正弦交流电随时间变化的关系的方法称为_____；用旋转矢量表示正弦交流电随时间变化的关系的方法称为_____。

2. 某正弦交流电流的有效值为 2 A，频率为 50 Hz，初相为 30°，则该正弦交流电流的解析式为_____。

3. 某正弦交流电压的波形如图 6-5 所示，则该电压的频率 $f=$_____，有效值 $U=$_____，解析式为_____。

4. 两个同频率的正弦交流电压与电流的矢量图如图 6-6 所示,若已知电压 $\dot{U}$ 的解析式为 $u = 110\sqrt{2}\sin(314t + 45°)$ V,电流 $\dot{I}$ 的有效值为 10 A,则正弦交流电流 $\dot{I}$ 的解析式为_____。

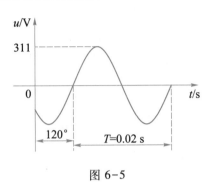

图 6-5

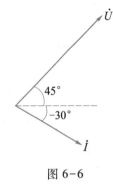

图 6-6

5. 交流发电机是根据_____原理制成的。

6. 交流发电机通常由定子、转子、端盖及轴承等部件构成,_____和_____是它的核心部件。

7. 函数信号发生器按需要输出_____、_____、三角波 3 种信号波形。函数信号发生器作为信号源,它的输出端不允许_____。

8. 示波器是一种用途很广的电子测量仪器,它既能直接用来_____电信号的波形,又能对电信号进行各种参数的测量。

9. 交流毫伏表只能在其工作频率范围之内,用来测量正弦交流电压的_____。

10. 用示波器观察某一正弦交流电压波形,若幅度量程选择开关置于:V→0.1 V/div,被测波形峰-峰值纵向占 7 格,则波形的峰-峰值 $U_{P-P} =$ _____,最大值 $U_m =$ _____,有效值 $U =$ _____。

二、选择题

1. 正弦交流电的表示方法有(   )。

A. 解析式   B. 波形图   C. 矢量图   D. 以上都是

2. 图 6-7 所示为某正弦交流电压的矢量图,若其频率为 50 Hz,有效值为220 V,则其解析式可表示为(   )。

A. $u = 220(\sin 314t + 30°)$ V

B. $u = 220(\sin 628t + 30°)$ V

C. $u = 220\sqrt{2}(\sin 314t + 30°)$ V

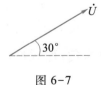

图 6-7

D. $u = 220\sqrt{2}(\sin 628t + 30°)$ V

3. 图 6-8 所示为某正弦交流电压的波形图,若其周期为 0.01 s,最大值为 311 V,初相为 45°,则其解析式可表示为(   )。

A. $u = 311(\sin 314t + 45°)$ V

B. $u = 311(\sin 628t + 45°)$ V

C. $u = 311\sqrt{2}(\sin 314t + 45°)$ V

D. $u = 311\sqrt{2}(\sin 628t + 45°)$ V

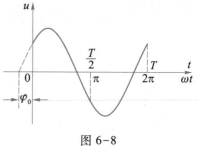

图 6-8

4. 关于旋转矢量,以下说法不正确的是( )。

A. 旋转矢量的起始位置与 x 轴正方向的夹角为正弦量的初相 φ_0

B. 对一个正弦量,只要它的有效值和初相确定后,表示它的矢量就可确定

C. 在实际应用中常采用有效值矢量图

D. 旋转矢量通常用大写字母表示

综合测试

一、是非题

1. 用交流电压表测得交流电压是 220 V,则此交流电压的最大值是 $220\sqrt{2}$ V。 ( )

2. 某额定电压为 220 V 的照明灯,可以接在最大值为 311 V 的交流电源上。 ( )

3. 用交流电压表或电流表测得的数值是最大值。 ( )

4. 正弦交流电的三要素是指:有效值、周期和频率。 ( )

5. 交流电的符号是 DC,直流电的符号是 AC。 ( )

6. 使用万用表测 220 V 交流电压时,建议把挡位与量程转换开关置于交流电压挡。 ( )

7. 试电笔又称电笔,是一种用来测试导线、开关、插座等电器是否带电的工具。 ( )

8. 世界上所有国家的交流电频率都是 50 Hz。 ( )

9. 两个同频率的正弦交流电压 u_1 和 u_2,已知 u_1 的初相为 $-30°$,u_2 的初相为 $60°$,则 u_1 在相位上滞后 u_2 $90°$。 ( )

10. 通过波形图可以解读初相的正、负。如果波形图的起点在纵坐标的正方向,则初相为负;如果波形图的起点在纵坐标的负方向,则初相为正。 ( )

二、填空题

1. 交流电一般用字母_____或符号_____表示,其大小通常用_____表示。

2. 正弦交流电的波形可通过_____进行观察。

3. 工程上通常使用_____来测量线路中的电流,其最大特点是可在不断

开线路的情况下测量线路中的电流。

4. _____是一种用来测试导线、开关、插座等电器是否带电的工具。

5. 正弦交流电的_____和_____都随时间进行周期性变化,并且是按_____规律变化的。

6. 把_____、_____和_____称为正弦交流电的三要素。

7. 已知某正弦交流电压 $u = 12\sqrt{2}\sin(628t - 60°)$ V,则其最大值为_____,有效值为_____,角频率为_____,频率为_____,周期为_____,初相为_____。

8. 已知 2 个正弦交流电的瞬时值表达式分别为:$u_1 = 20\sin(314t + 30°)$ V,$u_2 = 10\sqrt{2}\sin(314t - 45°)$ V,则它们的相位差是_____,其相位关系为_____。

9. 我国动力用电的电压为 380 V,则它的最大值是_____。

10. 已知某正弦交流电信号的频率 f 为 1 kHz,则此信号的周期为_____,角频率为_____。

11. 对于数值相对较小的交流信号,其信号电压有效值可用_____进行测量。

12. 某正弦交流电流的有效值为 5 A,频率为 50 Hz,初相为 45°,则该正弦交流电的解析式为_____。

13. 我国把周期为_____的正弦交流电称为"工频"。

14. 在有效值矢量图中,矢量的长度表示正弦交流电的_____,矢量的起始位置与 x 轴的夹角表示正弦交流电的_____。

15. 某交流电流的有效值是 10 A,则它的最大值为_____,用电流表测量,电流表的读数为_____。

三、选择题

1. 使用万用表测量家用 220 V 交流电压时,在测量过程中,(   )。

A. 红表笔接相线、黑表笔接中性线   B. 红表笔接中性线、黑表笔接相线

C. 不需要考虑正、负极性   D. 以上都不对

2. (   )可以用来表示正弦交流电变化的范围。

A. 最大值   B. 有效值   C. 瞬时值   D. 以上都不是

3. 交流电压表和交流电流表测量的数值,都是指(   )。

A. 最大值   B. 有效值   C. 瞬时值   D. 以上都不是

4. 若要在不断开线路的情况下测量线路中的电流,可用(   )。

A. 交流电流表   B. 万用表   C. 钳形电流表   D. 直流电流表

5. 2 个同频率的正弦交流电的相位差等于 180°时,它们的相位关系是(   )。

A. 同相   B. 反相   C. 正交   D. 相等

6. 使用示波器观察正弦交流电波形时,应把耦合选择开关置于(　　　)。

A. 接地 GND　　　　B. 直流 DC　　　　　　C. 交流 AC　　　　D. 以上都可以

7. 用示波器观察某正弦交流电压波形,若时间量程选择开关置于:$T \rightarrow 0.2 \ \mu s/div$,被测波形 1 个周期横向占 3 格,则被测波形的周期为(　　　)。

A. $0.2 \ \mu s$　　　　B. $0.4 \ \mu s$　　　　C. $0.6 \ \mu s$　　　　D. $0.8 \ \mu s$

8. 正弦交流电的三要素是(　　　)。

A. 最大值　周期　角频率　　　　　　B. 瞬时值　频率　初相

C. 有效值　频率　初相　　　　　　　D. 频率　相位　周期

9. 某正弦交流电的初相为 30°,则在 $t = 0$ 时,其瞬时值将(　　　)。

A. 等于零　　　　B. 小于零　　　　C. 大于零　　　　D. 不能确定

10. 某正弦交流电压 $u = 220\sqrt{2} \sin(628t + 37°) \ V$,则(　　　)。

A. $U_m = 220 \ V$, $f = 50 \ Hz$　　　　　　B. $U_m = 220 \ V$, $f = 100 \ Hz$

C. $U_m = 311 \ V$, $f = 50 \ Hz$　　　　　　D. $U_m = 311 \ V$, $f = 100 \ Hz$

四、简答与计算题

1. 简述:(1) 使用万用表测 380 V 交流电压的操作方法与过程;(2) 试电笔的操作方法。

2. 已知某正弦交流电压的解析式为 $u = 380\sqrt{2} \sin(314t + 45°) \ V$,求这个正弦交流电压的最大值、有效值、频率、周期、角频率和初相。

3. 已知某正弦交流电压 $u = 220\sqrt{2} \sin(\omega t - 45°) \ V$,正弦交流电流 $i = 10\sqrt{2} \sin(\omega t + 30°) \ A$,试求:(1) 它们的相位差;(2) 比较它们的相位关系;(3) 画出它们的矢量图。

单相正弦交流电路 ━━━━

　　由正弦交流电源供电的电路称为正弦交流电路。正弦交流电路的分析与直流电路相比要复杂,主要是因为它不仅要研究电路中物理量之间的大小关系,而且还要研究它们之间的相位关系。通过前一单元的学习,对正弦交流电已有了一定的认识。本单元就在前一单元的基础上,进一步学习正弦交流电路的分析方法及其相关知识与技能。

1
2
3
4
5
6
7
8
9
10

单相正弦交流电路 {
  电感、电容对交流电的阻碍作用

  单一元件交流电路 {
    纯电阻电路①
    纯电感电路
    纯电容电路
}

  RLC 串联电路 {
    RL 串联电路
    RC 串联电路
    RLC 串联电路
}

  电路的谐振 {
    RLC 串联谐振电路
    电感线圈与电容器并联的谐振电路
}

  电能测量与节能 {
    电能的测量
    提高功率因数的意义与方法
}

  技能训练 {
    RC 串联电路中电压、电流的测试与波形观察
    导线的剥削、连接与绝缘的恢复
    荧光灯电路的安装
    照明电路配电板的安装
}

  技术与应用:常用电光源
}

学法指导

　　本单元的学习主要包括电感、电容对交流电的阻碍作用,单一元件交流电路,RLC 串联电路,电路的谐振,电能测量与节能,技能训练以及技术与应用七个方面。学习中可通过实验与观察,加深理解电感、电容对交流电的阻碍作用;可充分借助矢量图学习交流电路的常用分析方法;可结合生产生活实际,并通过动手操作与训练,来学习荧光灯电路与照明电路配电板的安装,RC 串联电路中电压、电流的测试与波形观察,导线的剥削、连接与绝缘的恢复等实践操作技能;可通过阅读技术与应用,了解常用电光源及其应用。

---

　　① 本单元电路都是指正弦交流电路,纯电阻正弦交流电路简称纯电阻交流电路或纯电阻电路,其他电路名称也是如此,后面不做统一名称要求。

一、电感、电容对交流电的阻碍作用

电感、电容对交流电的阻碍作用分别称为感抗和容抗,用 X_L 和 X_C 表示,它们的计算公式为

$$X_L = \omega L = 2\pi f L$$

$$X_C = \frac{1}{\omega C} = \frac{1}{2\pi f C}$$

电感线圈在交流电路中有"**通直流阻交流,通低频阻高频**"的特性;电容器在交流电路中有"**隔直流通交流,阻低频通高频**"的特性。

在交流电路中,电阻是耗能元件,电感、电容是储能元件。

二、单一元件交流电路

单一元件交流电路包括纯电阻电路、纯电感电路和纯电容电路。它们的电路特点比较见表 7-1。

表 7-1   单一元件交流电路的特点比较

比 较 项 目		纯电阻电路	纯电感电路	纯电容电路
对交流电的阻碍作用		R	X_L	X_C
电流与电压之间的关系	大小	$I = \dfrac{U}{R}$	$I = \dfrac{U}{X_L}$	$I = \dfrac{U}{X_C}$
	相位	电流与电压同相	电压超前电流 90°	电压滞后电流 90°
有功功率		$P = I^2 R$	$P = 0$	$P = 0$
无功功率		$Q = 0$	$Q_L = I^2 X_L$	$Q_C = I^2 X_C$

三、RLC 串联电路

RLC 串联电路包括 RL、RC、RLC 串联电路,它们的电路特点比较见表 7-2。

在 RLC 串联电路中,当 $X_L > X_C$ 时,端电压超前电流,电路呈现电感性;当 $X_L < X_C$ 时,端电压滞后电流,电路呈现电容性;当 $X_L = X_C$ 时,端电压与电流同相,电路呈现电阻性,即串联谐振。

表 7-2　RL、RC、RLC 串联电路的特点比较

比 较 项 目		RL 串联电路	RC 串联电路	RLC 串联电路
电抗大小		$X_L = \omega L = 2\pi f L$	$X_C = \dfrac{1}{\omega C} = \dfrac{1}{2\pi f C}$	$X = X_L - X_C$
电路阻抗的大小		$Z = \sqrt{R^2 + X_L^2}$	$Z = \sqrt{R^2 + X_C^2}$	$Z = \sqrt{R^2 + (X_L - X_C)^2}$
总电压与各元件两端电压之间的关系		$u = u_R + u_L$ $U = \sqrt{U_R^2 + U_L^2}$	$u = u_R + u_C$ $U = \sqrt{U_R^2 + U_C^2}$	$u = u_R + u_L + u_C$ $U = \sqrt{U_R^2 + (U_L - U_C)^2}$
电流与总电压之间的关系	大小	$I = \dfrac{U}{Z}$	$I = \dfrac{U}{Z}$	$I = \dfrac{U}{Z}$
	相位	$\varphi = \arctan \dfrac{X_L}{R}$ 电压超前电流 φ	$\varphi = \arctan \dfrac{X_C}{R}$ 电压滞后电流 φ	$\varphi = \arctan \dfrac{X_L - X_C}{R}$ $\varphi > 0, u$ 超前 i $\varphi < 0, u$ 滞后 i $\varphi = 0, u$ 与 i 同相
有功功率		$P = I^2 R = UI\cos\varphi$	$P = I^2 R = UI\cos\varphi$	$P = I^2 R = UI\cos\varphi$
无功功率		$Q_L = I^2 X_L = UI\sin\varphi$ 电路呈电感性	$Q_C = I^2 X_C = UI\sin\varphi$ 电路呈电容性	$Q = Q_L - Q_C = UI\sin\varphi$ $Q > 0$,电路呈电感性 $Q < 0$,电路呈电容性
视在功率			$S = UI = \sqrt{P^2 + Q^2}$	

四、电路的谐振

谐振电路主要有 RLC 串联谐振和电感线圈与电容器并联谐振。串联谐振与并联谐振电路的特点比较见表 7-3。

串联谐振又称电压谐振。串联谐振时,电感和电容元件两端的电压达到电源电压的 Q 倍,即 U_L、U_C 都远大于电源电压 U。如果电压过高,可能损坏线圈或电容器,因此,电力工程上要避免发生串联谐振。但在电子技术中,由于外来信号微弱,常利用串联谐振来获得一个与信号电压频率相同,但数值大很多倍的电压。收音机利用串联谐振电路来选择电台信号的过程称为调谐。在广播通信中,既要考虑选择性,又要考虑通频带,因此,品质因数要选择恰当、合理。

并联谐振也称电流谐振。并联谐振时支路电流等于总电流的 Q 倍。并联谐振电路主要作为选频器或振荡器使用,如电视机、收音机中的中频选频电路,用于产生正弦波的 LC 振荡器等,都是以电感线圈和电容器的并联电路作为核心部分。

表 7-3　串联谐振和并联谐振电路的特点比较

比 较 项 目	RLC 串联谐振	电感线圈与电容器并联谐振
谐振条件	$X_L = X_C$	$X_L \approx X_C$
谐振频率	$f_0 = \dfrac{1}{2\pi\sqrt{LC}}$	$f_0 \approx \dfrac{1}{2\pi\sqrt{LC}}$
谐振阻抗	$Z = R$（最小）	$Z = \dfrac{L}{RC}$（最大）
谐振电流	$I_0 = \dfrac{U}{R}$（最大）	$I_0 = \dfrac{U}{Z}$（最小）
品质因数	$Q = \dfrac{\omega_0 L}{R} = \dfrac{1}{\omega_0 RC} = \dfrac{1}{R}\sqrt{\dfrac{L}{C}}$	$Q = \dfrac{\omega_0 L}{R} = \dfrac{1}{\omega_0 RC} = \dfrac{1}{R}\sqrt{\dfrac{L}{C}}$
元件上电压或电流	$U_R = U \quad U_L = U_C = QU$	$I_L = I_C \approx QI$
通频带	$BW = \dfrac{f_0}{Q}$	$BW = \dfrac{f_0}{Q}$
对电源的要求	适用于低内阻信号源	适用于高内阻信号源

五、提高功率因数的意义和方法

电路的有功功率与视在功率的比值称为电路的功率因数,即

$$\lambda = \cos\varphi = \frac{P}{S}$$

为提高发电设备的利用率,减少电能损耗,提高经济效益,必须提高电路的功率因数。方法之一,提高用电设备自身的功率因数;方法之二,在电感性负载两端并联一只电容适当的电容器。

六、技能训练

1. RC 串联交流电路中电压、电流的测试与波形观察

正确使用函数信号发生器输出所需信号;正确使用万用表测交流电压与电流;正确使用示波器观察两个同频率正弦交流电压的波形及它们的相位关系。

2. 导线的剥削、连接与绝缘的恢复

学会识别常用塑料硬线、软线、护套线及 7 股铜芯导线;掌握钢丝钳、斜口钳、剥线钳、电工刀等常用电工工具的使用;学会导线的剥削、连接与绝缘恢复的操作过程与技巧。

3. 荧光灯电路的安装

（1）电路组成。荧光灯电路主要由漏电断路器、控制开关、镇流器、灯管及启辉器等组成，如图7-1所示。

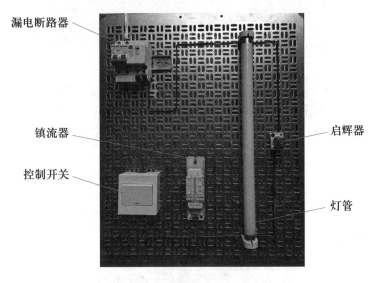

图7-1

（2）主要元器件安装说明。漏电断路器是带漏电保护的低压断路器,安装时,上端接电源进线,下端接电源出线,如图7-2所示。镇流器安装时应串联在线路中,启辉器安装时应与灯管并联。

（3）通电检验与排故测试。通电前应检查线路有无短路,可使用万用表的电阻挡进行检测;通电前应检查线路有无断路,可使用万用表的电阻挡进行检测。

（4）排故测试。荧光灯不能发光。原因:灯座或启辉器底座接触不良,或荧光灯接线错误。检修方法:转动灯管,使灯管四极和灯座接触,转动启辉器,使启辉器两极与底座两铜片接触,检查线路,找出原因并修复;荧光灯灯光抖动或两端发光。原因:可能是启辉器损坏。检修

图7-2

方法:更换启辉器;灯管两端发黑或生黑斑。原因:灯管陈旧,寿命将终。检修方法:更换灯管。

4. 照明电路配电板的安装

（1）电路组成。照明电路由熔断器、电能表、低压断路器、漏电断路器（带漏电保护的低压断路器）、分路开关（低压断路器）、中性线接线排等组成,如图7-3所示。

（2）主要元器件安装说明。单相电能表共有4个接线桩头,从左到右按1、2、3、4编号。接线方法一般是1、3接电路进线,2、4接电路出线,如图7-4所示。

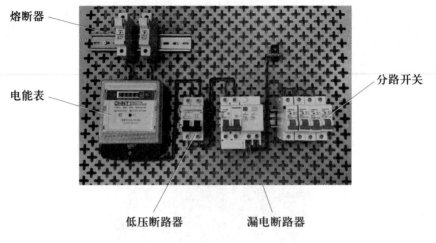

熔断器

电能表

分路开关

低压断路器   漏电断路器

图 7-3

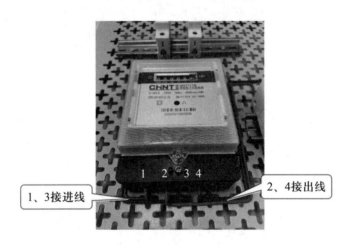

1、3接进线   2、4接出线

图 7-4

典题解析

【例1】 将电感为 255 mH、电阻为 60 Ω 的线圈接到 $u = 220\sqrt{2}\sin(314t+30°)$ V 的交流电源上。求：(1) 线圈的阻抗；(2) 电路中的电流有效值和瞬时值表达式；(3) 功率因数；(4) 绘制出电压与电流的矢量图。

解：

(1) 电感的感抗 $X_L = \omega L = 314 \times 255 \times 10^{-3}$ Ω ≈ 80 Ω

电路的阻抗 $Z = \sqrt{R^2 + X_L^2} = \sqrt{60^2 + 80^2}$ Ω = 100 Ω

(2) 电路中的电流有效值 $I = \dfrac{U}{Z} = \dfrac{220}{100}$ A = 2.2 A

瞬时值表达式为 $i = 2.2\sqrt{2}\sin(314t-60°)$ A

（3）功率因数 $\quad \lambda = \cos \varphi = \dfrac{R}{Z} = \dfrac{60}{100} = 0.6$

（4）绘制出电压与电流的矢量图,如图 7-5 所示。

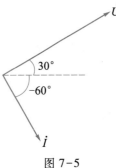

图 7-5

评析:正确求解此题,关键在于熟练掌握 RL 串联电路的特点及矢量图的画法。

【例 2】 在 RLC 串联电路中,已知电阻 $R = 30\ \Omega$,感抗 $X_L = 100\ \Omega$,容抗 $X_C = 60\ \Omega$,其两端的电压 $u = 311\sin(314t - 30°)\ \text{V}$。
求:(1)电路的阻抗;(2)电流的有效值;(3)各元件两端电压的有效值;(4)电路的有功功率、无功功率和视在功率;(5)判断电路的性质。

解:

（1）电路的阻抗 $\quad Z = \sqrt{R^2 + (X_L - X_C)^2} = \sqrt{30^2 + (100 - 60)^2}\ \Omega = 50\ \Omega$

（2）由 $u = 311\sin(314t - 30°)\ \text{V}$ 可知

电压的有效值 $\qquad\qquad U = \dfrac{U_\text{m}}{\sqrt{2}} = \dfrac{311}{\sqrt{2}}\ \text{V} \approx 220\ \text{V}$

电流的有效值 $\qquad\qquad I = \dfrac{U}{Z} = \dfrac{220}{50}\ \text{A} = 4.4\ \text{A}$

（3）各元件两端电压的有效值 $\quad U_R = IR = 4.4 \times 30\ \text{V} = 132\ \text{V}$

$$U_L = IX_L = 4.4 \times 100\ \text{V} = 440\ \text{V}$$

$$U_C = IX_C = 4.4 \times 60\ \text{V} = 264\ \text{V}$$

（4）电路的有功功率、无功功率和视在功率

$$P = I^2 R = 4.4^2 \times 30\ \text{W} = 580.8\ \text{W}$$

$$Q = I^2 X_L = 4.4^2 \times 100\ \text{var} = 1\ 936\ \text{var}$$

$$S = UI = 220 \times 4.4\ \text{V} \cdot \text{A} = 968\ \text{V} \cdot \text{A}$$

（5）电路的性质

由于 $X_L > X_C$,则电路呈电感性。

评析:正确求解此题,必须熟练掌握正弦交流电路的特点,并学会灵活应用相关公式进行计算。

7.1　电感、电容对交流电的阻碍作用

一、填空题

1. 把电感线圈对交流电的阻碍作用称为_____，简称_____，用符号_____表示，单位是_____。

2. 把电容对交流电的阻碍作用称为_____，简称_____，用符号_____表示，单位是_____。

3. 电感线圈的感抗与电源的频率成_____，与线圈的电感成_____。对于直流电，线圈的感抗为_____，电感元件相当于_____。

4. 电容的容抗与电源的频率成_____，与电容的容量成_____。对于直流电，电容的容抗为_____，电容元件相当于_____。

5. 20 μF 的电容器接在 50 Hz 的交流电中，其容抗为_____；接在 100 kHz 的交流电中，其容抗为_____。

6. 20 mH 的电感线圈接在 50 Hz 的交流电中，其感抗为_____；接在 20 kHz 的交流电中，其感抗为_____。

二、选择题

1. 电感线圈具有的特性是(　　　)。

A. 通直流阻交流，通低频阻高频　　　　B. 通直流阻交流，通高频阻低频

C. 通交流阻直流，通高频阻低频　　　　D. 通交流阻直流，通低频阻高频

2. 电容元件具有的特性是(　　　)。

A. 通直流阻交流，通低频阻高频　　　　B. 通直流阻交流，通高频阻低频

C. 通交流阻直流，通高频阻低频　　　　D. 通交流阻直流，通低频阻高频

3. 电感是一种(　　　)。

A. 耗能元件　　　　B. 储能元件　　　　C. 不确定　　　　D. 以上都错

4. 电感、电容对交流电的阻碍作用与电阻对交流电的阻碍作用性质(　　　)。

A. 相同　　　　B. 不同　　　　C. 不确定　　　　D. 以上都错

5. 在能够通过低频信号的交流电路中，电容器、电感器与负载的连接关系为(　　　)。

A. 电容器应该与负载串联，电感器应该与负载并联

B. 电容器与电感器都应该与负载串联

C. 电容器应该与负载并联,电感器应该与负载串联

D. 电容器与电感器都应该与负载并联

7.2　单一元件交流电路

一、填空题

1. 在交流电路中,_____元件两端的电压超前电流 90°,_____元件两端的电压滞后电流 90°,_____元件两端的电压与电流同相。

2. 当阻值为 10 Ω 的电阻接到交流电源上时,用万用表测得电路中的电流为 100 mA,则该电阻消耗的功率为_____,加在电阻两端的电压为_____。

3. 纯电感交流电路中,用万用表测得电感两端的电压为 10 V,通过电感的电流为 2 A,已知交流电的频率为 50 Hz,则该电感的感抗 $X_L =$_____,电感系数 $L =$_____,电感消耗的功率为 $P =$_____,无功功率 $Q =$_____。

4. 纯电容交流电路中,用万用表测得电容两端的电压为 6 V,通过电容的电流为 1.5 A,已知交流电的频率为 50 Hz,则该电容的容抗 $X_C =$_____,电容量 $C =$_____,电容消耗的功率 $P =$_____,无功功率 $Q =$_____。

5. 正弦交流电压 $u = 220\sqrt{2}\sin\left(314t - 60°\right)$ V,将它加在 100 Ω 电阻两端,则通过电阻的电流瞬时值表达式为_____;将它加在 100 μF 的电容两端,则通过电容的电流瞬时值表达式为_____;将它加在 0.01 H 的电感两端,则通过电感的电流瞬时值表达式为_____。

6. 在电阻、电感和电容元件中,只有_____元件是耗能元件。

7. 有 2 个无极性电容器,$C_1 = 30$ μF、耐压 $U_1 = 200$ V,$C_2 = 60$ μF、耐压 $U_2 = 200$ V,二者串联后_____(填"能够"或"不能")直接接在 $u = 200\sqrt{2}\sin 314t$ V 的电源中使用。

二、选择题

1. 在纯电感交流电路中,计算电流的公式为(　　　)。

A. $i = \dfrac{U}{L}$　　　　B. $I_m = \dfrac{U}{\omega L}$　　　　C. $I = \dfrac{U}{\omega L}$　　　　D. $I = \dfrac{u}{\omega L}$

2. 在纯电容交流电路中,计算电流的公式为(　　　)。

A. $i = \dfrac{U}{C}$　　　　B. $I_m = \dfrac{U}{\omega C}$　　　　C. $I = \dfrac{U}{\omega C}$　　　　D. $I = \omega C U$

3. 关于无功功率,以下说法正确的是(　　　)。

A. 无功功率是指无用的功率

B. 无功功率表示交流电路中能量转换的最大值

C. 无功的含义是消耗而不是交换

D. 无功功率的单位是 V·A

4. 若某元件两端的电压 $u = 5\sqrt{2}\sin(314t-30°)$ V,电流 $i = \sqrt{2}\sin(314t-30°)$ A,则该元件是(   )。

A. 电阻   B. 电感   C. 电容   D. 无法判断

5. 已知某交流电路中,某元件的阻抗与频率成反比,则该元件是(   )。

A. 电阻   B. 电感   C. 电容   D. 无法判断

6. 在纯电感交流电路中,已知加在电感两端电压的初相为 45°,则通过电感的电流的初相为(   )。

A. 135°   B. −45°   C. 0°   D. 145°

7. 某元件两端的电压与通过该元件的电流波形如图 7-6 所示,则该元件是(   )。

A. 电阻   B. 电感   C. 电容   D. 无法判断

8. 某元件两端的电压与通过该元件的电流矢量图如图 7-7 所示,则该元件是(   )。

A. 电阻   B. 电感   C. 电容   D. 无法判断

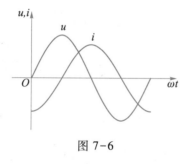

图 7-6

图 7-7

9. 在纯电感电路中,电感 $L = 20$ mH,其两端电压 $u = 200\sqrt{2}\sin(5\,000t+30°)$ V,电路的感抗 X_L 和无功功率 Q_L 分别是(   )。

A. 10 Ω,4 000 var   B. 100 Ω,400 var

C. 10 Ω,400 var   D. 100 Ω,4 000 var

三、分析与计算题

1. 在 10 Ω 电阻两端加上电压 $u = 311\sin 314t$ V,求:(1)通过电阻的电流为多少?写出电流的解析式;(2)画出电压与电流的矢量图;(3)电阻消耗的功率是多少?

2. 电感为 127 mH 的纯电感线圈,接在电压 $u = 311\sin(314t+45°)$ V 的电源上,求:(1)通过线圈的电流为多少?写出电流的解析式;(2)画出电压与电流的矢量图;(3)电路的无功功率是多少?

3. 已知加在 20 μF 电容器上的交流电压 $u = 220\sqrt{2}\sin(314t-30°)$ V,求:(1)通过电

容的电流为多少？写出电流的解析式;(2) 画出电压与电流的矢量图;(3) 电路的无功功率是多少？

7.3 RL、RC 与 RLC 串联电路

一、填空题

1. 在 RL 串联交流电路中,电压三角形由 U_R、_____ 和 _____ 构成。总电压与各分电压之间的数量关系是 _____。

2. 在 RL 串联交流电路中,电路的总阻抗 $Z=$ _____,总电压与总电流之间的相位关系是 _____,电路呈 _____ 性。

3. 在 RL 串联交流电路中,用万用表测得电阻 R 两端的电压为 190 V,电感 L 两端的电压为 110 V,则电路的总电压是 _____。

4. 在 RC 串联交流电路中,电路的总阻抗 $Z=$ _____,总电压与总电流之间的相位关系是 _____,电路呈 _____ 性。

5. 在 RC 串联交流电路中,用万用表测得电阻 R 两端的电压为 6 V,电容 C 两端的电压为 8 V,则电路的总电压是 _____。

6. 视在功率表示电源提供的 _____,即交流电源的 _____,用符号 _____ 表示,单位是 _____。

7. 把 _____ 与 _____ 的比值称为功率因数,用符号 _____ 表示。功率因数的大小由 _____ 和 _____ 决定。当视在功率一定时,功率因数越大,电源输出功率的利用率就 _____。

8. 在 RLC 串联交流电路中,总电压与各分电压之间的大小关系是 $U=$ _____,电路中的总阻抗 $Z=$ _____,视在功率、有功功率、无功功率之间的关系为 $S=$ _____。

9. RLC 串联交流电路中,由阻抗三角形可知,电路的阻抗角 $\varphi=\arctan$ _____。

10. 某荧光灯接在 220 V 的交流电源上,已知荧光灯的有功功率 $P=40$ W,通过荧光灯的电流为 0.366 A,则该荧光灯的功率因数 $\cos\varphi=$ _____。

11. 在 RLC 串联交流电路中,电源电压为 220 V,$R=30$ Ω,$X_L=60$ Ω,$X_C=20$ Ω,则电路的阻抗 $Z=$ _____,总电压与电流的相位差 $\varphi=$ _____,电流的有效值 $I=$ _____,电路的有功功率 $P=$ _____,无功功率 $Q=$ _____,视在功率 $S=$ _____,该电路为 _____ 性电路。

12. 在 RL 串联正弦交流电路中,电源频率 $f=50$ Hz,$U_L=2U_R$,$R=10$ Ω,则 L 为 _____。

13. 在 RL 串联正弦交流电路中,电阻 $R=100\ \Omega$,感抗 $X_L=50\ \Omega$,若其中再接一个容抗 $X_C=40\ \Omega$ 的电容,电路的总阻抗将_____(填"增大"或"减小")。

二、选择题

1. 在 RL 串联正弦交流电路中,当外加电源的频率增加时,若电源电压不变,则电路中的总电流将(　　)。

　A. 增大　　　　　　B. 减小　　　　　　C. 不变　　　　　　D. 无法确定

2. 在 RL 串联正弦交流电路中,用万用表测得电阻两端电压为 12 V,电感两端电压为 5 V,则电路的总电压为(　　)。

　A. 17 V　　　　　　B. 7 V　　　　　　C. 13 V　　　　　　D. 24 V

3. 电阻器与电感线圈组成的串联交流电路由交流电源供电,如果交流电的频率增大,则电感线圈的(　　)。

　A. 电感增大　　　B. 电感减小　　　C. 感抗增大　　　D. 感抗减小

4. 电阻器与电容器组成的串联交流电路由交流电源供电,如果交流电的频率增大,则电容器的(　　)。

　A. 电容增大　　　B. 电容减小　　　C. 容抗增大　　　D. 容抗减小

5. 如图 7-8 所示电路,当交流电源的电压为 220 V,频率为 50 Hz 时,3 盏照明灯的亮度相同。现将交流电的频率改为 100 Hz,则下列情况正确的是(　　)。

　A. A 灯比原来亮　　　　　　　　　B. B 灯比原来暗

　C. C 灯比原来亮　　　　　　　　　D. C 灯和原来一样亮

6. 如图 7-9 所示电路,使电路呈现电感性的条件是(　　)。

　A. $R=4\ \Omega$、$X_L=1\ \Omega$、$X_C=2\ \Omega$　　　　B. $R=4\ \Omega$、$X_L=0$、$X_C=2\ \Omega$

　C. $R=4\ \Omega$、$X_L=3\ \Omega$、$X_C=2\ \Omega$　　　　D. $R=4\ \Omega$、$X_L=3\ \Omega$、$X_C=3\ \Omega$

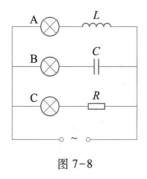

图 7-8

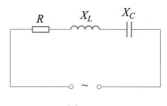

图 7-9

7. 在 RC 串联正弦交流电路中,电流的计算公式正确的是(　　)。

　A. $I=\dfrac{U}{R}$　　　　　B. $I=\dfrac{U}{X_C}$　　　　　C. $I=\dfrac{U}{\sqrt{R^2+X_C^2}}$　　　　　D. $i=\dfrac{U}{\sqrt{R^2+X_C^2}}$

8. 在电阻 R 和可变电容 C 串联的正弦交流电路中,当电容 C 增加时,该电路的消耗

功率 P 将(　　)。

  A. 增大   B. 减小   C. 不变   D. 无法确定

  9. 在 RC 串联正弦交流电路中,用万用表测得电阻两端电压为 6 V,电容两端电压为 8 V,则该电路的总电压为(　　)。

  A. 6 V   B. 8 V   C. 10 V   D. 14 V

  10. 在 RLC 串联正弦交流电路中,$U_R = 40$ V,$U_L = 70$ V,$U_C = 40$ V,则该电路总电压 U 为(　　)。

  A. 40 V   B. 50 V   C. 70 V   D. 150 V

  11. 在 RLC 串联正弦交流电路中,已知 R、L、C 元件两端的电压均为 100 V,则电路两端总电压应是(　　)。

  A. 0 V   B. 100 V   C. 200 V   D. 300 V

  12. 图 7-10 所示为 RLC 串联正弦交流电路中电流与电压的矢量图,则该电路的性质是(　　)。

  A. 电感性   B. 电容性   C. 电阻性   D. 无法判断

  13. 图 7-11 所示是 RLC 串联电路的电压与电流波形,则对该电路描述正确的是(　　)。

  A. 电路呈电容性,电压相位超前电流相位

  B. 电路呈电感性,电压相位滞后电流相位

  C. 电路呈电容性,电压相位滞后电流相位

  D. 电路呈电感性,电压相位超前电流相位

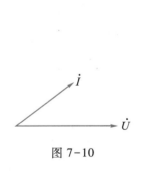

图 7-10

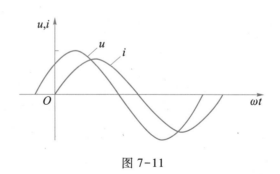

图 7-11

三、分析与计算题

  1. 将电感为 63.5 mH、电阻为 20 Ω 的线圈接到 $u = 220\sqrt{2}\sin 314t$ V 的交流电源上。求:(1) 线圈的阻抗;(2) 电路中的电流有效值和瞬时值表达式;(3) 电路中的有功功率 P、无功功率 Q 和视在功率 S;(4) 端电压与电流之间的相位差。

  2. 把阻值为 80 Ω 的电阻和电容为 53 μF 的电容器串联后接到交流电源上,电源电压

$u = 220\sqrt{2}\sin 314t$ V。求:(1) 电容的容抗;(2) 电路中的电流有效值;(3) 电路中的有功功率 P、无功功率 Q 和视在功率 S;(4) 端电压与电流之间的相位差。

3. 已知某 RLC 串联电路中,电阻为 $4\ \Omega$,电感为 $31.8\ \text{mH}$,电容为 $455\ \mu\text{F}$,电路两端交流电压 $u = 311\sin 314t$ V。求:(1) 电路的阻抗值;(2) 电流的有效值;(3) 各元件两端电压的有效值;(4) 电路的有功功率、无功功率和视在功率;(5) 判断电路的性质。

4. 图 7-12 所示为移相电路,已知电容为 $10\ \mu\text{F}$,输入电压 $u_i = 220\sqrt{2}\sin 1\,000t$ V,欲使输出电压的相位比输入电压的相位滞后 $45°$,则电阻应为多大? 此时的输出电压是多大?

5. 某 RL 串联电路,已知电阻 $R = 40\ \Omega$,在电路两端加上 $u = 100\sqrt{2}\sin 220t$ V 电压,测得电流有效值 $I = 2$ A。(1) 求电路的 X_L、功率因数;(2) 若要将功率因数提高到 1,可以采用何种方法? 计算选用元件的参数。

6. 在图 7-13 所示 RLC 串联电路,外加工频电压 $U_1 = 220$ V,已知电阻 $R = 40\ \Omega$,电容的容抗 $X_C = 60\ \Omega$,电感的感抗 $X_L = 30\ \Omega$,试求:

(1) 各元件两端电压 U_R、U_L、U_C;

(2) 电阻与电感两端电压 U_2;

(3) 电路的有功功率 P 和视在功率 S。

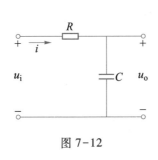

图 7-12

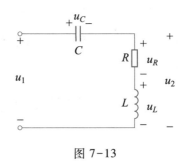

图 7-13

*7.4 电路的谐振

一、填空题

1. 在 RLC 串联电路中,当电源电压与电流同相时,电路呈_____性,电路的这种状态称为_____。

2. 在 RLC 串联电路中,当电路发生谐振时,总阻抗最_____,电路的_____为零。串联谐振的条件是电路的_____等于_____。

3. 谐振频率 f_0 仅由电路参数_____和_____决定,与电阻 R 的大小无关,它反映电路本身的固有频率。电路发生谐振时,外加电源的频率必须等于电路的_____。

7 单相正弦交流电路

4. 电路谐振时的感抗或容抗称为电路的_____。

5. 在电子技术中,通常把谐振电路的特性阻抗与电路中电阻的比值称为_____,用字母_____表示。

6. 串联谐振时,电感和电容元件两端的电压达到电源电压的_____倍。因此,串联谐振又称_____谐振。

7. 收音机利用串联谐振电路来选择电台信号的过程称为_____。

8. 谐振电路中的 Q 值越高,电路的选择性就_____,通频带就_____。

9. 串联谐振电路只有当电源内阻很小时,才能得到较高的品质因数和比较好的选择性。如电源内阻很大,可采用另一种选频电路,即_____。

10. 并联谐振电路的特点是总阻抗最_____,总电流最_____。并联谐振时,支路电流等于总电流的_____倍。因此,并联谐振也称_____谐振。

11. 线芯截面积为 4 mm² 以下的塑料硬线,可用_____或_____进行剥削;线芯截面积大于 4 mm² 的塑料硬线绝缘层,一般用_____进行剥削;塑料软线太软,其绝缘层只能用_____或_____进行剥削。

12. 导线绝缘层破损后必须恢复_____;导线连接后,也必须恢复_____。

13. 荧光灯电路主要由控制开关、_____、_____及_____组成。镇流器安装时应_____联在线路中,启辉器安装时应与灯管_____联。

14. RLC 串联电路发生谐振时,若电容两端电压为 100 V,电阻两端电压为 4 V,则电感两端电压为_____,品质因数 Q 为_____。

15. 在 RLC 串联电路中,在 LC 参数不变的条件下,减小电路中 R 的电阻值,可以_____(填"增大"或"减小")电路的品质因数 Q 的值。

二、选择题

1. 处于谐振状态的 RLC 串联电路中,当电源电压不变时,若电容器的电容增大,则电路将呈(　　)。

A. 电阻性　　　　　　B. 电感性　　　　　　C. 电容性　　　　　　D. 无法判断

2. 在 RLC 串联谐振电路中,若减小电源电压的频率,则电路将呈(　　)。

A. 电阻性　　　　　　B. 电感性　　　　　　C. 电容性　　　　　　D. 无法判断

3. 在 RLC 串联谐振电路中,已知品质因数 $Q = 100$,输入信号电压为 120 mV,则电容和电感两端的电压为(　　)。

A. 12 mV　　　　　　B. 120 mV　　　　　　C. 12 V　　　　　　D. 120 V

4. 当电路发生谐振时,外加电源的频率必须(　　)。

A. 等于电路的固有频率 f_0　　　　　　B. 大于电路的固有频率 f_0

C. 小于电路的固有频率 f_0　　　　　　D. 不确定

5. 在 RLC 串联谐振电路中,已知 $L = 0.05$ mH,$C = 200$ pF,则电路的谐振频率为( )。

    A. 1.59 kHz   B. 1.59 MHz   C. 1.59 Hz   D. 15.9 kHz

6. 谐振回路的品质因数 Q 值越高,则( )。

    A. 谐振曲线越尖锐,电路的通频带越宽

    B. 谐振曲线越平坦,电路的通频带越宽

    C. 谐振曲线越平坦,电路的通频带越窄

    D. 谐振曲线越尖锐,电路的通频带越窄

7. 在电感线圈和电容器并联的谐振电路中,已知品质因数 $Q = 100$,电路的总电流为 10 mA,则通过线圈和电容器的电流为( )。

    A. 10 mA   B. 100 mA   C. 1 A   D. 10 A

8. 荧光灯镇流器两端的阻值一般为( )。

    A. 几十欧   B. 几千欧   C. 几兆欧   D. 几十兆欧

9. 不能作为绝缘层恢复材料的是( )。

    A. 黑胶布   B. 铜芯线   C. 黄蜡带   D. 涤纶薄膜

三、分析与计算题

1. 在电阻、电感、电容串联谐振电路中,已知 $L = 10$ mH,$C = 0.01$ μF,$R = 2$ Ω,外加交流电压的有效值 $U = 10$ mV。求:(1)电路的谐振频率;(2)电路中的电流 I_0;(3)品质因数 Q;(4)电容两端的电压 U_C。

2. 某线圈与电容器串联接在交流电源上,已知电源电压 $U = 5$ mV,$f = 1$ kHz,线圈电感 $L = 0.05$ mH,线圈电阻 $R = 5$ Ω,电路处于谐振状态。求:(1)容抗;(2)电路中的电流;(3)各元件两端的电压。

7.5 电能的测量与节能

一、填空题

1. 计量电能一般用_____,又称_____,俗称_____。

2. 电能表的接线方式分为_____式和_____式。家庭用电量一般较少,通常采用_____接入方式。

3. 某用户月初电能表读数为 2 003 kW·h,月末电能表读数为 2 178 kW·h,则该用户一个月的用电量为_____ kW·h。

4. 电路的功率因数决定于电路的_____和电源的_____。在纯电阻电路中,功率因数为_____,电感性负载的功率因数介于_____和_____之间。

5. 提高功率因数的实际意义在于：(1) 提高＿＿＿＿＿＿＿的能量利用率；(2) 减小输电线路上的＿＿＿＿＿＿＿。

6. 提高功率因数的方法主要有：(1) 提高＿＿＿＿＿＿＿自身的功率因数；(2) 在电感性负载上＿＿＿＿＿＿＿＿。

7. 单相电能表有 4 个接线桩头，从左到右 1、2、3、4 编号。接线方法一般是＿＿＿＿＿接电路进线，＿＿＿＿＿接电路出线。

8. 照明光源一般分为＿＿＿＿＿＿＿＿＿＿、＿＿＿＿＿＿＿＿＿＿和＿＿＿＿＿＿＿＿＿＿三大类。

9. 从节能和使用寿命的角度分析，推广使用高亮度＿＿＿＿＿灯，是 21 世纪电光源发展的必然趋势。

二、选择题

1. 关于漏电断路器选用的说法正确的是(　　　)。

A. 漏电断路器的额定电压≥线路额定电压

B. 漏电断路器的额定电流≥线路计算负载电流

C. 漏电断路器选用时主要考虑其额定漏电动作电流和额定漏电动作时间

D. 以上都是

2. 漏电断路器的主要功能有(　　　)。

A. 总开关的功能　　　　　　　　　　B. 短路保护功能

C. 漏电保护功能　　　　　　　　　　D. 以上都是

3. 以下属于热辐射型电光源的是(　　　)。

A. 白炽灯　　　　　B. 荧光灯　　　　　C. 低压钠灯　　　　　D. 高压钠灯

4. 关于电能表，以下说法不正确的是(　　　)。

A. 电能表按工作原理分为感应式、电子式、机电式等

B. 感应式电能表的好处就是直观、动态连续、停电不丢数据

C. 载波电能表有时也称分时计量电能表或峰谷表

D. 预付费电能表就是先购电后用电，完全按照商品交换的原则进行使用

5. 要提高荧光灯电路的功率因数，常用的方法是(　　　)。

A. 在荧光灯电路中串联合适的电感

B. 在荧光灯两端并联合适的电容

C. 在荧光灯电路中串联合适的电容

D. 在荧光灯两端并联合适的电感

6. 关于功率因数，下列说法错误的是(　　　)。

A. 提高功率因数可提高供电设备的电能利用率

B. 功率因数反映了电源功率利用的问题

C. 提高功率因数可减少线路上电能的损耗

D. 无功功率与视在功率的比值称为功率因数

综合测试

一、是非题

1. 在直流电路中,电感元件相当于断路,电容元件相当于短路。　　　（　　）

2. 电容器具有"隔直流通交流、阻低频通高频"的特性。　　　（　　）

3. 电阻、电感、电容都是储能元件。　　　（　　）

4. 在纯电感电路中,电压在相位上超前电流 90°。　　　（　　）

5. 纯电容电路的有功功率为零。　　　（　　）

6. 荧光灯电路是最常见的 RL 串联电路。　　　（　　）

7. 在 RL 串联正弦交流电路中,若用万用表测得电阻两端的电压为 6 V,电感两端的电压为 8 V,则电路的总电压为 14 V。　　　（　　）

8. 在 RLC 串联正弦交流电路中,已知 $X_L = 10\ \Omega$,$X_C = 6\ \Omega$,$R = 10\ \Omega$,则电路呈电容性。

（　　）

9. 谐振频率仅由电路参数 L 和 C 决定,与电阻 R 的大小无关,它反映电路本身的固有频率。　　　（　　）

10. 为提高发电设备的利用率,减少电能损耗,提高经济效益,必须提高电路的功率因数。　　　（　　）

二、填空题

1. 已知 40 μF 的电容器接在 220 V/50 Hz 的交流电路中,其容抗为＿＿＿＿；当电源频率变为 500 Hz 时,其容抗变为＿＿＿＿。

2. 电感为 100 mH 的某线圈接在 220 V/50 Hz 的交流电路中,其感抗为＿＿＿＿；当电源频率变为 500 Hz 时,其感抗变为＿＿＿＿。

3. 电感线圈在直流电路中的感抗为＿＿＿＿；电容器在直流电路中的容抗为＿＿＿＿。

4. 将阻值为 10 Ω 的电阻器接到 $u = 220\sqrt{2}\sin(314t - 60°)$ V 的交流电源上,则通过电阻器的电流大小为＿＿＿＿,电阻器消耗的功率为＿＿＿＿。

5. 在纯电感交流电路中,电感线圈两端的电压＿＿＿＿电流 90°；在纯电容交流电路中,电容器两端的电压＿＿＿＿电流 90°。

6. 将 15.9 mH 的电感器接在 $u = 220\sqrt{2}\sin(314t+30°)$ V 的交流电源上,则通过电感器的电流大小为_____,电路的无功功率为_____。

7. 将 33 μF 的电容器接在 $u = 220\sqrt{2}\sin\left(314t+\dfrac{\pi}{3}\right)$ V 的交流电源上,则通过电容器的电流大小为_____,电路的无功功率为_____。

8. 在某交流电路中,电源电压 $u = 220\sqrt{2}\sin(314t+120°)$ V,电路中的电流 $i = 10\sqrt{2}\sin(314t+60°)$ A,则电压和电流之间的相位差为_____,电路中的阻抗 $Z =$ _____,电路的功率因数 $\cos\varphi =$ _____,电路中的有功功率 $P =$ _____,电路中的无功功率 $Q =$ _____,电源输出的视在功率 $S =$ _____。

9. 在 LC 串联正弦交流电路中,若用万用表测得电感线圈两端的电压为 6 V,电容器两端的电压为 8 V,则电路的总电压为_____。

10. 在 RLC 串联正弦交流电路中,当 $X_L > X_C$ 时,电路呈_____性,当 $X_L < X_C$ 时,电路呈_____性,当 $X_L = X_C$ 时,电路呈_____性。

*11. 当 RLC 串联电路发生谐振时,若电容器两端的电压为 200 V,电阻器两端的电压为 2 V,则电感线圈两端的电压为_____,电路的品质因数为_____。

*12. RLC 串联电路发生谐振时的谐振频率 $f_0 =$ _____,电感线圈与电容器并联谐振时的谐振频率 $f_0 =$ _____。

13. 某电感线圈接到 $U = 24$ V 的直流电源上,通过电感线圈的电流为 0.4 A;接到电压为 220 V、频率为 50 Hz 的交流电源上,通过电感线圈的电流为 2.2 A,则该电感线圈的电阻为_____,电感为_____。

三、选择题

1. 在纯电阻电路中,计算电流的公式是( )。

A. $i = \dfrac{U}{R}$
B. $i = \dfrac{U_m}{R}$
C. $I = \dfrac{U_m}{R}$
D. $I = \dfrac{U}{R}$

2. 通常所说的用电器的功率,如 75 W 的电烙铁是指( )。

A. 有功功率
B. 无功功率
C. 视在功率
D. 瞬时功率

3. 在纯电感交流电路中,已知感抗 $X_L = 4$ Ω,当电流 $i = \sqrt{2}\sin(314t+30°)$ A 时,电压为( )。

A. $u = 4\sqrt{2}\sin(314t+30°)$ V
B. $u = 4\sqrt{2}\sin(314t+120°)$ V
C. $u = 4\sqrt{2}\sin(314t-60°)$ V
D. $u = 4\sqrt{2}\sin(314t+60°)$ V

4. 在 RLC 串联电路中,已知 $R = 10$ Ω,$X_L = 120$ Ω,$X_C = 70$ Ω,则该电路呈( )。

A. 电阻性
B. 电感性
C. 电容性
D. 以上都不对

5. 在图 7-14 所示电路中,两端加电压 $u = 220\sqrt{2}\sin\omega t$ V 时,电容 C_1 的容抗 $X_{C_1} =$ 110 Ω,电容 C_2 的容抗 $X_{C_2} = 220$ Ω,则电流表 A、A_1、A_2 的读数 I、I_1、I_2 为(   )。

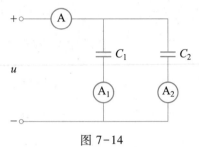

图 7-14

A. $I = 3$ A,$I_1 = 2$ A,$I_2 = 1$ A

B. $I = 3\sqrt{2}$ A,$I_1 = 2\sqrt{2}$ A,$I_2 = \sqrt{2}$ A

C. $I = 3$ A,$I_1 = 1$ A,$I_2 = 2$ A

D. $I = 3\sqrt{2}$ A,$I_1 = \sqrt{2}$ A,$I_2 = 2\sqrt{2}$ A

6. 在 RL 串联正弦交流电路中,若用万用表测得电路的总电压为 10 V,电感线圈两端电压为 8 V,则电阻器两端电压为(   )。

A. 6 V   B. 2 V   C. 10 V   D. 4 V

7. 要使 RLC 串联电路的谐振频率提高,采用的方法是(   )。

A. 增大电路中的电感   B. 减小电路中的电感

C. 增大电路中的电容   D. 减小电路中的电阻

8. 在 RLC 串联正弦交流电路中,若用万用表测得电阻器、电感线圈、电容器两端的电压均为 100 V,则电路的端电压是(   )。

A. 100 V   B. 200 V   C. 300 V   D. $100\sqrt{3}$ V

9. 若电路中某元件两端电压 $u = 311\sin(314t - 180°)$ V,电流 $i = 4\sin(314t + 90°)$ A,则该元件是(   )。

A. 电阻器   B. 电容器   C. 电感线圈   D. 以上都不是

*10. 关于串联谐振和并联谐振,以下说法不正确的是(   )。

A. 两种谐振都发生在电抗为零,即 $X_L = X_C$ 的情况下

B. 并联谐振时,电路的总阻抗最大,总电流最小

C. 串联谐振又称电压谐振,并联谐振又称电流谐振

D. 谐振回路的 Q 值越高,谐振曲线越平坦,电路的通频带就越宽

四、分析与计算题

1. 在图 7-15 所示 RL 串联电路中,外加交流电频率 $f = 50$ Hz,电压有效值 $U = 220$ V,已知电阻 $R = 60$ Ω,电感 $L = 254$ mH,求:(1) 电感的感抗 X_L 和电路总阻抗 Z;(2) 各元件两端的电压 U_R、U_L;(3) 电路的有功功率 P 和视在功率 S。

2. 在图 7-16 所示 RLC 串联电路中,外加电压 $u = 200\sqrt{2}\sin(314t)$ V,电路元件参数 $R = 8$ Ω,$X_L = 9$ Ω,$X_C = 3$ Ω,求:(1) 电路的总阻抗 Z;(2) 电路的总电流 I;(3) 电感两端的

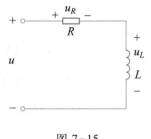

图 7-15

电压 U_L;(4)电路消耗的有功功率 P;(5)电路的功率因数 $\cos\varphi$。

*3. 在 *RLC* 串联谐振回路中,已知电阻 $R = 100\ \Omega$,电感 $L = 40\ \mu H$,电容 $C = 40\ pF$,电路的品质因数 $Q = 60$,谐振时电路中的电流为 $0.06\ A$。求:(1)该谐振回路的谐振频率;(2)电路端电压;(3)电感和电容两端的电压。

4. 在图 7-17 所示 *RLC* 串联电路中,外加工频电压 $U_1 = 220\ V$,已知电阻 $R = 40\ \Omega$,电容的容抗 $X_C = 60\ \Omega$,电感的感抗 $X_L = 30\ \Omega$,求:(1)各元件两端的电压 U_R、U_L、U_C;(2)电阻与电感两端的电压 U_2;(3)电路的有功功率 P 和视在功率 S。

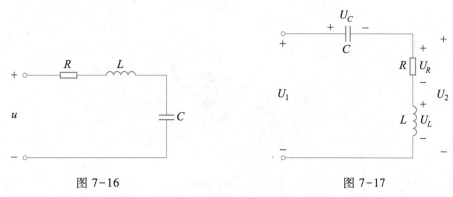

图 7-16　　　　　　　　　　　图 7-17

5. 如图 7-18 所示,有两个线性负载 A 和 B,接到相同的交流电源上,保持电源电压大小不变,改变电源的频率,测得两负载电流变化见表 7-4,试解答下列问题:

(1)说明负载 A 和负载 B 的属性(电阻性、电感性还是电容性),并画出负载 A 和 B 的等效电路。

(2)求出当 $\omega = 500\ rad/s$ 时,负载 A 的等效电路的各元件参数。

(3)如果在负载 A 中串联一个合适元件组成 *RLC* 串联电路,使谐振频率 $\omega_0 = 1\ 000\ rad/s$,此时电路的品质因数 Q 多大?

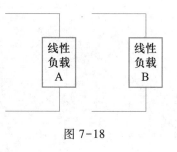

图 7-18

表 7-4

负　　载	外　加　电　压		
	100 V,0 rad/s	100 V,500 rad/s	100 V,1 000 rad/s
线性负载 A	1 A	0.50 A	0.28 A
线性负载 B	1 A	1 A	1 A

三相正弦交流电路 ━━

　　在电力系统中,广泛应用的是三相交流电。因为与单相交流电相比,三相交流电有更多的优点:三相发电机比尺寸相同的单相发电机输出功率大;三相输电线路比单相输电线路经济;三相电动机比单相电动机结构简单,平稳可靠,输出功率大……因此,目前世界上的电力系统的供电方式大多数采用三相制供电,通常的单相交流电是三相交流电的一相,从三相交流电源获得。

三相正弦交流电路
- 三相正弦交流电源
  - 三相对称电源
  - 三相对称电源的表示
  - 相序
  - 三相电源的星形联结
    - 三相四线制
    - 三相三线制
- *三相负载的连接
  - 三相对称负载
  - 三相对称负载的星形联结
  - 中性线的作用
- *三相交流电路的功率
- 用电保护：保护接地、保护接零
- 技能训练：三相对称负载星形联结电压、电流的测量
- 技术与应用：常用用电保护装置、*非正弦周期波的谐波分析

本单元的学习主要包括三相正弦交流电源、三相负载的连接、三相交流电路的功率、用电保护、技能训练以及技术与应用六个方面。学习中应理解三相对称电源、三相对称负载、相序的基本概念，掌握三相对称电源星形联结与三相负载星形联结的特点，弄懂三相四线制与三相三线制的应用场合，可通过对典型例题的分析，理解中性线的作用。另外，在学习的过程中，结合生产生活实际，熟悉常用用电保护装置，掌握用电保护的常用方法。

一、三相正弦交流电源

1. 三相对称电源

频率相同、最大值相等、相位彼此相差 120° 的三个正弦交流电组成的电源称为三相正弦对称电源。

2. 三相对称电源的表示（以三相交流电压为例）

（1）解析式

$$\begin{cases} u_U = U_m \sin \omega t \\ u_V = U_m \sin (\omega t - 120°) \\ u_W = U_m \sin (\omega t + 120°) \end{cases}$$

（2）波形图如图 8-1 所示。

（3）矢量图如图 8-2 所示。

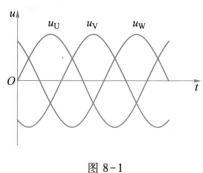

图 8-1

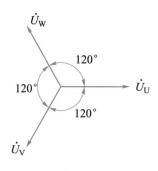

图 8-2

3. 相序

三相交流电随时间按正弦规律变化，它们到达最大值（或零值）的先后次序称为相序。把 U—V—W—U 的顺序称为正序；若相序为 U—W—V—U，则称为负序。

4. 三相电源的星形联结

（1）相电压与线电压。将三相对称电源的三个末端 U_2、V_2、W_2 连接成公共点，三个首端 U_1、V_1、W_1 分别与负载连接，这种连接方式称为星形联结。当三相电源为星形联结时，其线电压 U_L 与相电压 U_P 的大小关系为

$$U_L = \sqrt{3} U_P$$

其相位关系为线电压超前相应的相电压 30°。

（2）三相四线制与三相三线制。由三根相线和一根中性线组成的供电系统称为三相四线制供电系统，用符号"Y_0"表示，通常在低压配电系统中采用；在高压输电系统中，通常采用只由三根相线组成的三相三线制供电系统，用符号"Y"表示。

二、三相负载的连接

1. 三相对称负载

在三相交流电路中，各相负载的大小和性质都相等（即 $Z_U = Z_V = Z_W$）的三相负载称为三相对称负载，如三相异步电动机、三相电炉等。否则，称为三相不对称负载，如三相照明电路中的负载。

2. 三相对称负载的星形联结

（1）星形联结。将各相负载的末端 U_2、V_2、W_2 连在一起接到三相电源的中性线上，把各相负载的首端 U_1、V_1、W_1 分别接到三相交流电源的三根相线上，这种连接方式称为三相负载有中性线的星形联结，用符号"Y_0"表示。

（2）电路特点。负载的线电压与相电压的关系为：$U_{YL} = \sqrt{3}\, U_{YP}$；线电流与相电流的关系为：$I_{YL} = I_{YP}$。

3. 中性线的作用

在三相电路中，如果负载不对称，则必须采用带中性线的三相四线制供电。若无中性线，则可能使一相电压过低，该相用电设备不能正常工作，而另一相电压过高，将导致该相用电设备烧毁。因此，在三相四线制供电电路中，中性线的作用是使不对称负载两端的电压保持对称，从而保证电路安全可靠地工作。因此，在电工安全操作规程中规定：三相四线制电路中性线的干线上不准安装熔断器和开关，有时还采用钢芯线来加强其机械强度，以免断开。同时，在连接三相负载时，应尽量保持三相平衡，以减小中性线电流。

*三、三相交流电路的功率

在三相交流电路中，不论负载采用星形联结，还是采用三角形联结，三相负载消耗的总功率等于各相负载消耗的功率之和。即

$$P = P_U + P_V + P_W$$

在对称三相电路中，三相对称负载消耗的总功率计算公式如下：

（1）用相电压、相电流表示 $\qquad P = 3U_P I_P \cos\varphi$

（2）用线电压、线电流表示 $\qquad P = \sqrt{3}\, U_L I_L \cos\varphi$

三相对称负载的无功功率和视在功率的计算公式分别如下：

无功功率 $\qquad Q = 3U_P I_P \sin\varphi$ 或 $Q = \sqrt{3}\, U_L I_L \sin\varphi$

视在功率 $\qquad S = 3U_P I_P$ 或 $S = \sqrt{3}\, U_L I_L$

三者间的关系为 $\qquad S = \sqrt{P^2 + Q^2}$

四、用电保护

为保证用电安全，减少或避免碰壳触电事故的发生，通常采取的技术措施有保护接地、保护接零和装设漏电保护器等。

*五、技能训练——三相对称负载星形联结电压、电流的测量

（1）掌握三相负载星形联结的方法。

（2）掌握三相对称负载星形联结电压、电流的测量方法与步骤。

（3）了解中性线的作用。

六、技术与应用

1. 常用用电保护装置

常用用电保护装置有熔断器、低压断路器、漏电保护器等。

（1）熔断器

熔断器的主要部件是熔体，它由熔点较低的合金制成。熔断器串联在被保护电路中，当电路发生短路或严重过载而电流增大时，熔体内因过热熔断，自动切断电路，以保护电气设备。常用的熔断器有插入式和螺旋式两类。选用低压熔断器时，一般只考虑熔断器的额定电压、额定电流和熔体的额定电流这三项参数，其他参数只有在特殊要求时才考虑。

（2）低压断路器

低压断路器又称空气断路器或空气开关，是能自动切断故障电流并兼有控制和保护功能的低压电器。适用于交流 50 Hz、额定电压 400 V 及以下、额定电流 100 A 及以下的场所。低压断路器的优点是：操作安全，安装简便，工作可靠，分断能力较强，具有多种保护功能，动作值可调，动作后不需要更换元件，因此应用十分广泛。

（3）漏电保护器

漏电保护器俗称漏电开关，是用于在电路或电器绝缘受损发生对地短路时防止人身触电和电气火灾的保护电器，一般安装于每户配电箱的插座回路中和全楼总配电箱的电源进线上，后者专用于防电气火灾。其适用范围是交流 50 Hz，额定电压 380 V，额定电流 250 A。漏电保护器的主要技术参数有漏电动作电流和动作时间。

*2. 非正弦周期波的谐波分析

在电子技术中经常会遇到不按正弦规律进行周期性变化的电流或电压，称为非正弦周期波。理论和实验都可证明，一个非正弦周期信号，可以看成由一些不同频率正弦信号叠加的结果，这一过程称为谐波分析。

典题解析

【例1】 某星形联结的三相对称负载，每相负载的阻抗均为 50 Ω，功率因数 $\cos\varphi = 0.8$，现将其接到线电压为 380 V 的三相电源上。求：（1）相电压与线电流；（2）电路消耗的功率。

解：

（1）由于负载是星形联结，相电压是线电压的 $\dfrac{1}{\sqrt{3}}$，则相电压

$$U_{\mathrm{P}} = \frac{U_{\mathrm{L}}}{\sqrt{3}} = \frac{380}{\sqrt{3}} \text{ V} \approx 220 \text{ V}$$

负载的相电流　　　　　　　　　$I_{\mathrm{P}} = \dfrac{U_{\mathrm{P}}}{Z} = \dfrac{220}{50} \text{ A} = 4.4 \text{ A}$

则线电流　　　　　　　　　　　$I_{\mathrm{L}} = I_{\mathrm{P}} = 4.4 \text{ A}$

（2）电路消耗的功率　$P = 3 U_{\mathrm{P}} I_{\mathrm{P}} \cos \varphi = 3 \times 220 \times 4.4 \times 0.8 \text{ W} = 2\ 323.2 \text{ W}$

评析： 正确求解此题，必须熟练掌握三相对称交流电路的特点，并学会灵活运用相关公式进行计算。

【例2】 有一组星形联结的三相对称负载，接在线电压为 380 V 的三相三线制电源上，如图 8-3 所示，每盏灯的额定电压为 220 V，额定功率为 100 W。求：（1）负载的相电压与线电流；（2）若 V 相电源线断开，各相负载的电压、电流各为多少？

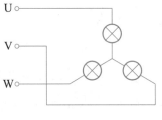

图 8-3

解：

（1）负载的相电压　　　　　　　$U_{\mathrm{P}} = 220 \text{ V}$

每盏灯的阻抗　　　　　$Z = R = \dfrac{U^2}{P} = \dfrac{220^2}{100} \ \Omega = 484 \ \Omega$

线电流　　　　　　　$I_{\mathrm{L}} = I_{\mathrm{P}} = \dfrac{U_{\mathrm{P}}}{Z} = \dfrac{220}{484} \text{ A} \approx 0.45 \text{ A}$

（2）若 V 相电源线断开，则电路变为两盏灯串联，串联后接在了线电压 380 V 之间，如图 8-4 所示。

由于两盏灯的阻抗完全相同，则 U 相与 W 相负载两端的电压均为线电压的一半，即

$$U_{\mathrm{P}} = \frac{380}{2} \text{ V} = 190 \text{ V}$$

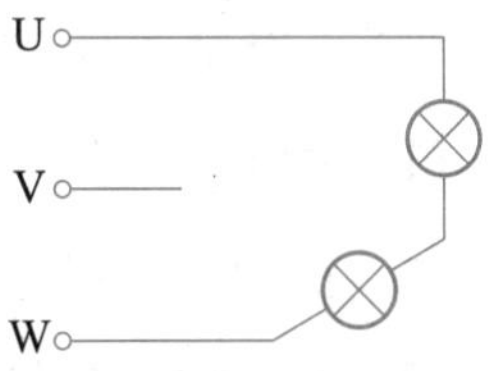

电流　　　　　$I = \dfrac{U_{\mathrm{L}}}{2Z} = \dfrac{380}{2 \times 484} \text{ A} \approx 0.39 \text{ A}$

图 8-4

评析： 正确求解此题，关键在于能够分析三相电路中某相断开后，电路中负载的具体连接情况。

8.1 三相正弦交流电源

一、填空题

1. 工程上,把频率相同、最大值相等、相位彼此相差 120° 的三个正弦交流电源称为_____。

2. 我国通常用_____、_____、_____分别表示三相正弦对称电源中的第一相、第二相和第三相。若第一相电源的初相为 0°,并采用正序,则第二相、第三相电源的初相分别为_____和_____。

3. 三相异步电动机的旋转方向由三相电源的_____决定,改变三相电源的_____可改变三相异步电动机的旋转方向。

4. 由三根相线和一根中性线组成的供电系统称为_____供电系统,用符号_____表示,通常在_____系统中采用;在高压输电系统中,通常采用只由三根相线组成的_____供电系统。

5. 三相四线制供电系统可输出两种电压,即_____和_____。

6. 相电压是_____线和_____线之间的电压,通常用_____泛指相电压;线电压是指____线和____线之间的电压,通常用_____泛指线电压。

7. 线电压是相电压的_____倍,线电压的相位超前相应的相电压_____。

8. 已知某三相四线制电源的电压 $u_{UV} = 380\sqrt{2}\sin(\omega t + 130°)$ V,$u_{VW} = 380\sqrt{2}\sin(\omega t - 110°)$ V,$u_{WV} = 380\sqrt{2}\sin(\omega t + 10°)$ V,当 $t = 10$ s 时,三个线电压之和为_____。

二、选择题

1. 中性线的颜色一般用(   )。

A. 黄色　　　　　　B. 绿色　　　　　　C. 红色　　　　　　D. 黑色或淡蓝色

2. 我国的三相四线制低压供电系统中,线电压值一般为(   )。

A. 220 V　　　　　B. 380 V　　　　　C. 311 V　　　　　D. 110 V

3. 三相四线制供电系统中,以下说法正确的是(   )。

A. 相电压对称,线电压不对称　　　　　B. 线电压对称,相电压不对称

C. 相电压与线电压都对称　　　　　　　D. 相电压与线电压都不对称

4. 在三相四线制供电系统中,若 V 相电源的瞬时值表达式为 $u_V = 220\sqrt{2}\sin 314t$ V,

则 U 相电源的瞬时值表达式为(　　　)。

A. $u_U = 220\sqrt{2}\sin(314t+120°)$ V　　　　B. $u_U = 220\sqrt{2}\sin(314t-120°)$ V

C. $u_U = 220\sqrt{2}\sin(314t+240°)$ V　　　　D. $u_U = 220\sqrt{2}\sin(314t-240°)$ V

5. 不适合三相三线制输电的是(　　　)。

A. 三相交流电动机　　　　　　　　B. 三相变压器

C. 三相照明电路　　　　　　　　　D. 三相对称负载

6. 三相交流电相序 U—W—V—U 称为(　　　)。

A. 正序　　　　　　　　　　　　　B. 负序

C. 零序　　　　　　　　　　　　　D. 不确定

7. 在三相四线制中性点接地供电系统中,线电压指的是(　　　)。

A. 相线对地间的电压　　　　　　　B. 中性线对地间的电压

C. 相线对中性线间的电压　　　　　D. 相线之间的电压

8. 关于对称三相交流电源,下面说法正确的是(　　　)。

A. 各相的最大值、频率、初相都相等

B. 各相的瞬时值、频率、相位都变化

C. 各相的瞬时值、频率相等,相位互差 120°

D. 各相的最大值、周期相等,相位互差 120°

*8.2　三相负载的连接

一、填空题

1. 在三相交流电路中,各相负载的_____和_____都相等的三相负载称为三相对称负载。

2. 将各相负载的末端 U_2、V_2、W_2 连在一起接到三相交流电源的_____线上,把各相负载的首端 U_1、V_1、W_1 分别接到三相交流电源的三根_____上,这种连接方式称为三相负载有中性线的星形联结。

3. 三相负载为星形联结时,线电压与相电压的关系是:$U_{YL} =$_____ U_{YP};线电流与相电流的关系是:$I_{YL} =$_____ I_{YP}。

4. 常用的三相电动机和三相变压器都是对称三相负载,都采用_____供电。

5. 在三相电路中,如果负载不对称,必须采用带_____线的三相四线制供电。

6. 三相负载除星形联结外,还有_____联结。对电源电压为 380 V 的三相电源来说,当负载的额定电压为 220 V 时,负载应为_____联结;当负载的额定电压是 380 V 时,负载应为_____联结。

7. 在图 8-5 所示三相交流电路中,三相负载对称。已知开关 S 闭合时,3 个电流表的读数均为 10 A;当开关 S 断开时,A_1 的读数为_____,A_2 的读数为_____。

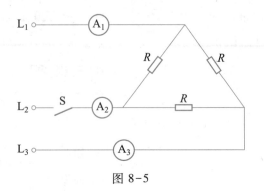

图 8-5

8. 一组三相对称负载三角形联结,相电压 $U_P = 220$ V,负载阻抗 $Z = 11$ Ω,则负载的线电流 I_L 为_____ A。

二、选择题

1. 图 8-6 所示为三相异步电动机的 6 个接线柱,现把其中的 3 个接线柱 U_2、V_2、W_2 短接在一起,把另 3 个接线柱分别接三根相线,则三相异步电动机的这种接线方式称为(　　)。

A. 星形联结　　　　B. 三角形联结　　　　C. 对称联结　　　　D. 以上都不是

2. 当三相负载对称时,流过中性线的电流为(　　)。

A. 120 A　　　　B. 0　　　　C. 不定　　　　D. 以上都不对

3. 如图 8-7 所示,3 盏灯 A、B、C 的额定电压都为 220 V,为星形联结,然后接到相电压为 220 V 的三相四线制电源上。为便于说明问题,在三根相线和中性线上都装上开关。若开关 S_V 断开,开关 S_U、S_W、S_N 都闭合,则(　　)。

A. 灯 A、B、C 都能正常发光　　　　B. 灯 A、B 能正常发光,灯 C 不发光

C. 灯 A、C 能正常发光,灯 B 不发光　　　　D. 灯 B、C 能正常发光,灯 A 不发光

图 8-6

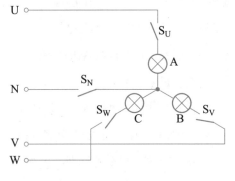

图 8-7

4. 图 8-8 所示为三相异步电动机的 6 个接线柱,其中,U_1 接 W_2、V_1 接 U_2、W_1 接 V_2,然后再把 U_1、V_1、W_1 分别接到三相交流电源的三根相线上,三相负载的这种接法称为(　　)。

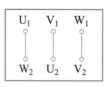

图 8-8

A. 星形联结　　　　　　　　　　　　B. 三角形联结

C. 对称联结　　　　　　　　　　　　D. 以上都不是

5. 三相异步电动机每相绕组的额定电压为 220 V,为保证电动机接入线电压为 380 V 的三相交流电源中能正常工作,电动机应接成(　　)。

A. 星形　　　　B. 三角形　　　　C. 串联　　　　D. 并联

6. 三相对称负载为星形联结的三相三线制供电系统中,电源电压为 380 V,若某相负载因故突然断开,则其余两相负载的电压均为(　　)。

A. 380 V　　　　B. 220 V　　　　C. 190 V　　　　D. 不确定

7. 在图 8-9 所示三相对称电路中,三相电源线电压为 $\sqrt{3}\,U$,每相负载电阻阻值均为 R,则电压表和电流表的读数分别为(　　)。

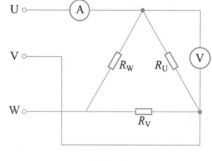

图 8-9

A. U 和 $\dfrac{U}{R}$　　　　B. U 和 $\dfrac{\sqrt{3}\,U}{R}$

C. $\sqrt{3}\,U$ 和 $\dfrac{\sqrt{3}\,U}{R}$　　　　D. $\sqrt{3}\,U$ 和 $\dfrac{3U}{R}$

8. 星形联结的三相对称负载的线电压与相电压之比是(　　)。

A. $1:\sqrt{3}$　　　　B. $1:\sqrt{2}$　　　　C. $\sqrt{3}:1$　　　　D. $\sqrt{2}:1$

9. 在三角形联结的三相对称电路中,相电流与线电流的关系是(　　)。

A. $I_{\Delta L}=\sqrt{3}\,I_{\Delta P}$,相电流超前线电流 30°

B. $I_{\Delta L}=\sqrt{3}\,I_{\Delta P}$,相电流滞后线电流 30°

C. $I_{\Delta P}=\sqrt{3}\,I_{\Delta L}$,相电流超前线电流 30°

D. $I_{\Delta P}=\sqrt{3}\,I_{\Delta L}$,相电流滞后线电流 30°

10. 对于星形联结的对称三相电源,星形联结的三相负载不能正常工作的是(　　)。

A. 对称负载,接中性线　　　　　　　　B. 对称负载,不接中性线

C. 不对称负载,不接中性线　　　　　　D. 不对称负载,接中性线

三、分析与计算题

1. 星形联结的三相对称负载,每相的电阻 $R=3\ \Omega$,感抗 $X_L=4\ \Omega$,接到线电压为 380 V 的三相电源上。求:(1) 相电压;(2) 每相负载的阻抗;(3) 相电流和线电流;(4) 中性线电流。

2. 有一组星形联结的三相对称负载,接在线电压为 380 V 的三相三线制电源上,负载的电阻均为 20 Ω。求:(1) 负载的相电压与相电流;(2) 若 V 相电源线断开,各相负载的电压、电流各为多少?

*8.3　三相交流电路的功率

一、填空题

1. 在三相交流电路中,不论负载采用何种接法,三相负载消耗的总功率等于各相负载消耗的功率_____,即 $P=$ _____。

2. 在对称三相电路中,三相负载消耗的总功率 $P=$ _____ $U_{\mathrm{P}}I_{\mathrm{P}}\cos\varphi$;也可表示为 $P=$ _____ $U_{\mathrm{L}}I_{\mathrm{L}}\cos\varphi$。

3. 图 8-10 所示为某三相异步电动机的铭牌,其中的"750 瓦"是指_____,"380 伏"是指_____,"1.68 安"是指_____。

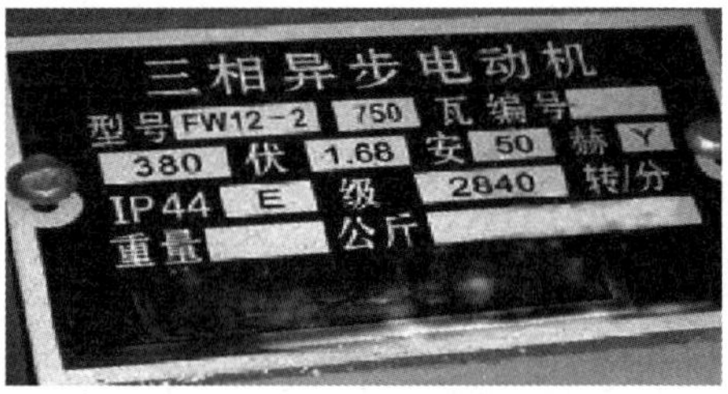

图 8-10

4. 有一对称三相负载接成星形,每相负载的阻抗为 10 Ω,功率因数为 0.8,测出通过负载的电流为 5 A,则三相电路的有功功率为_____。

5. 有一接成星形联结的三相对称负载,测出线电压为 380 V,相电流为 10 A,负载的功率因数为0.75,则三相负载的有功功率为_____。

二、选择题

1. 三相负载铭牌上标注的功率通常是指(　　)。

A. 视在功率　　　　B. 无功功率　　　　C. 有功功率　　　　D. 以上都不是

2. 在不断开线路的情况下,测量三相负载中的线电流,可用的仪表是(　　)。

A. 万用表　　　　B. 交流电流表　　　　C. 直流电流表　　　　D. 钳形电流表

3. 某三相对称负载为星形联结时,负载消耗的总功率为 1 800 W,则每相负载消耗的功率为(　　)。

A. 1 800 W　　　　B. 600 W　　　　C. 300 W　　　　D. 900 W

4. 某三相对称负载接到同一三相电源上,三角形联结与星形联结时的负载总功率之比为(　　)。

A. 1∶1　　　　B. $\sqrt{3}$∶1　　　　C. 3∶1　　　　D. 1∶3

5. 三相对称电路中,已知相电压为 U_{P}、相电流为 I_{P}、功率因数为 $\cos\varphi$,则其有功功率为(　　)。

A. $P = 2U_{\mathrm{p}}I_{\mathrm{p}}\cos\varphi$ B. $P = 3U_{\mathrm{p}}I_{\mathrm{p}}\cos\varphi$

C. $P = \sqrt{2}\,U_{\mathrm{p}}I_{\mathrm{p}}\cos\varphi$ D. $P = \sqrt{3}\,U_{\mathrm{p}}I_{\mathrm{p}}\cos\varphi$

三、分析与计算题

1. 有一对称三相负载,每相负载的电阻 $R = 30\ \Omega$,感抗 $X_L = 40\ \Omega$,星形联结并联在线电压为 380 V 的对称三相电源上,求:(1) 负载的相电压;(2) 电路的线电流与负载的相电流;(3) 负载的有功功率。

2. 某三相异步电动机接在 380 V 的三相交流电源上正常运行,已知电动机的连接方式为星形联结,有功功率为 10 kW,功率因数为 0.8。求:(1) 通过三相异步电动机的线电流;(2) 三相异步电动机的每相阻抗。

8.4 用电保护

一、填空题

1. 保护接地是指为了保障人身安全,避免发生_____,将电气设备在正常情况下不带电的金属部分与_____电气连接。

2. 保护接地主要应用在中性点_____的电力系统中。

3. 在中性点直接接地的 380 V/220 V 三相四线制系统中,广泛采用_____作为防止间接触电的保护技术措施。

4. _____是一种高灵敏度的控制电器,它不仅能有效地保护人身和设备安全,而且还能监测电气设备的绝缘性能。

5. _____与_____组装在一起,使漏电保护器具有短路、过载、漏电和欠电压的功能。

6. 熔断器广泛应用于低压配电系统和控制系统及用电设备中,作为短路和过电流保护。常用的熔断器有_____和_____两类。

7. 选用低压熔断器时,一般考虑_____、_____和_____三项参数。

8. 低压断路器又称_____或_____,是能自动切断故障电流并兼有控制和保护功能的低压电器。

9. 选用低压断路器时,其额定电压必须_____或_____电路的额定电压;额定电流及其过电流脱扣器额定电流必须_____其所控制、保护电路中计算的最大负荷电流值。

10. 漏电保护器的主要技术参数有_____和_____。

二、选择题

1. 关于保护接地与保护接零,以下说法不正确的是( )。

A. 保护接地主要应用于中性点不接地的电力系统中

B. 保护接零广泛应用于中性点直接接地的 380 V/220 V 三相四线制系统

C. 保护接地与保护接零可以混用

D. 保护接地与保护接零不可以混用

2. 三相对称负载为星形联结,接在线电压为 380 V 的三相对称交流电源上正常工作,使用万用表测有中性线与无中性线时各相负载的相电压,则测量结果在误差允许范围内( )。

A. 有中性线时的相电压数值大   B. 相同

C. 无中性线时的相电压数值大   D. 不确定

3. 关于低压熔断器的选用,以下说法不正确的是( )。

A. 保护对象是电炉和照明灯等电阻性负载时,熔体的额定电流 I_{RN} 不小于电路的工作电流,即 $I_{RN} \geqslant I_N$

B. 保护对象是单台电动机时,熔体的额定电流应不小于电动机额定电流 I_N 的 2.5 倍,即 $I_{RN} \geqslant 2.5 I_N$

C. 保护对象是配电电路时,后一级熔体的额定电流比前一级熔体的额定电流至少要大一个等级

D. 保护对象是多台电动机时,熔体的额定电流应不小于最小一台电动机额定电流 I_{Nmax} 的 2.5 倍,与同时使用的其他电动机额定电流之和 $\sum I_N$,即 $I_{RN} \geqslant 2.5 I_{Nmax} + \sum I_N$

4. 当漏电保护器用于保护手持电动工具、各种移动电器和家用电器时,选用额定漏电动作电流和动作时间的要求是( )。

A. 额定漏电动作电流不大于 30 mA、动作时间不大于 0.1 s

B. 额定漏电动作电流不大于 50 mA、动作时间不大于 0.1 s

C. 额定漏电动作电流不大于 30 mA、动作时间不大于 0.3 s

D. 额定漏电动作电流不大于 50 mA、动作时间不大于 0.3 s

三、简答题

1. 简述单相用电器的三孔插座中接地线的作用。

2. 简述熔断器、低压断路器、漏电保护器的作用。

一、是非题

1. 工程上,通常采用对调三相电源的任意两根电源线来实现三相异步电动机的正反转控制。 （   ）

2. 相电压为 220 V 的三相对称电源,其线电压为 311 V。 （   ）

3. 相电压在相位上滞后相应的线电压 30°。 （   ）

4. 在三相四线制低压供电系统中,照明电路通常接在一根相线和一根地线上。 （   ）

5. 三相对称电源的相电压与线电压都是对称的。 （   ）

6. 常用的三相电动机和三相变压器都是对称三相负载,都采用三相三线制供电。 （   ）

7. 三相对称负载为星形联结,接在线电压为 380 V 的三相对称电源上,则负载的相电压等于电源的线电压,也为 380 V。 （   ）

8. 通常在三相四线制电路中性线的干线上安装熔断器和开关。 （   ）

9. 漏电流一般不会使短路保护装置动作。 （   ）

10. 照明电路中熔断器中的熔丝可以用铜丝代替。 （   ）

二、填空题

1. 工程上,把＿＿＿＿＿＿＿＿＿、＿＿＿＿＿＿＿＿＿、＿＿＿＿＿＿＿＿＿的三个正弦交流电源称为三相正弦对称电源。我国分别用＿＿＿＿、＿＿＿＿、＿＿＿＿表示三相正弦对称电源的第一相、第二相和第三相。

2. 三相四线制供电系统中,三相对称电源的相电压为＿＿＿＿＿＿,线电压为＿＿＿＿＿＿,线电压是相电压的＿＿＿＿＿＿倍。

3. 三相照明电路必须采用＿＿＿＿＿＿＿＿供电,三相电动机通常采用＿＿＿＿＿＿＿＿＿＿供电。

4. 在对称三相交流电路中,若 $i_U = 4\sqrt{2}\sin(314t+30°)$ A,则 $i_V = $ ＿＿＿＿＿＿＿＿＿＿＿,$i_W = $ ＿＿＿＿＿＿＿＿＿＿＿＿。

5. 某三相对称负载为星形联结,接在线电压为 380 V 的三相对称电源上,若每相负载的阻抗为 20 Ω,功率因数为 0.8,则加在每相负载两端的相电压 $U_P = $ ＿＿＿＿＿＿＿,通过每相负载的相电流 $I_P = $ ＿＿＿＿＿＿＿,线路中的线电流 $I_L = $ ＿＿＿＿＿＿＿,负载消耗的总功率 $P = $ ＿＿＿＿＿＿＿。

6. 三相负载接到电压为 380 V 的三相对称电源上,若各相负载的额定电压为 380 V,则负载应为＿＿＿＿＿＿＿联结;若各相负载的额定电压为 220 V,则应为＿＿＿＿＿＿＿联结。

7. 一台正在运行的三相异步电动机,已知它的线电流为 10 A,用钳形电流表钳住一根相线时的读数为_____,钳住两根相线时的读数为_____,钳住三根相线时的读数为_____。

8. 接在线电压为 380 V 的三相三线制线路上的星形对称负载,若 V 相负载发生断路,则 U 相负载上的电压为_____,W 相负载上的电压为_____;若 V 相负载发生短路,则 U 相负载上的电压为_____,W 相负载上的电压为_____。

9. 为保证用电安全,减少或避免碰壳触电事故的发生,通常采取的技术保护措施有_____、_____和_____等。

10. 某三相四线制供电系统中,三相对称负载星形联结,各相负载上的电流均为 5 A,则中性线电流为_____。

三、选择题

1. 我国的三相四线制低压供电系统中,相电压值一般为( )。

A. 220 V   B. 380 V   C. 311 V   D. 110 V

2. 某对称三相电源,若 U 相的电压 $u_U = 220\sqrt{2}\sin(314t+30°)$ V,则 V 相和 W 相电压分别为( )。

    A. $u_V = 220\sqrt{2}\sin(314t-90°)$ V,$u_W = 220\sqrt{2}\sin(314t+90°)$ V

    B. $u_V = 220\sqrt{2}\sin(314t-150°)$ V,$u_W = 220\sqrt{2}\sin(314t+150°)$ V

    C. $u_V = 220\sqrt{2}\sin(314t-90°)$ V,$u_W = 220\sqrt{2}\sin(314t+150°)$ V

    D. $u_V = 220\sqrt{2}\sin(314t-90°)$ V,$u_W = 220\sqrt{2}\sin(314t-150°)$ V

3. 在图 8-11(a)所示的对称三相负载电路中,线电压为 380 V,各表读数均为 8.66 A,如果把电流表串联在负载支路中,如图 8-11(b)所示,则电流表读数应为( )。

A. 5 A   B. 8.66 A   C. 15 A   D. 10 A

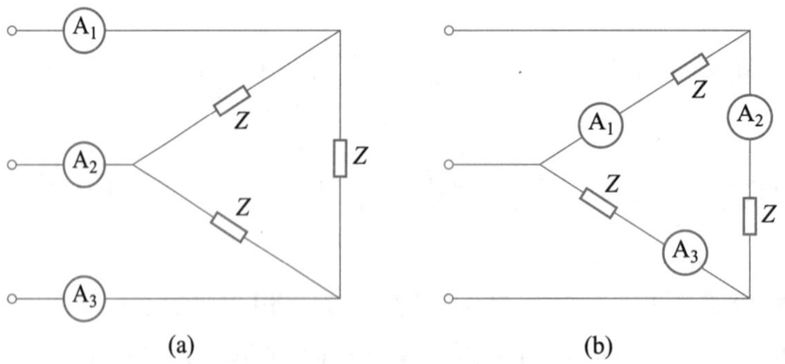

图 8-11

4. 某三相电动机,绕组为星形联结,接在 380 V 的三相电源上,测得线电流为 20 A,则电动机每相绕组的阻抗为( )。

A. 5.5 Ω   B. 11 Ω   C. 19 Ω   D. 20 Ω

5. 三相异步电动机每相绕组的额定电压为 380 V,为保证电动机接入线电压为 380 V 的三相交流电源中能正常工作,电动机应接成(　　)。

A. 星形   B. 三角形   C. 串联   D. 并联

6. 某三相四线制电路的线电压为 380 V,星形联结三相对称负载的 $R=6$ Ω,$X_L=8$ Ω, 则电路的有功功率和功率因数分别为(　　)。

A. 11 616 W,0.6   B. 8 712 W,0.8   C. 11 616 W,0.8   D. 8 712 W,0.6

7. 保护接地主要应用在(　　)的电力系统中。

A. 中性点直接接地   B. 中性点不接地

C. 中性点接零   D. 以上都可以

8. 为减少或避免触电事故的发生,通常采取的技术措施有(　　)。

A. 保护接地   B. 保护接零   C. 装设漏电保护器   D. 以上都是

9. 带漏电保护的低压断路器具有(　　)保护功能。

A. 短路   B. 过载   C. 漏电和欠电压   D. 以上都是

四、简答与计算题

1. 某星形联结的三相对称电源,若 V 相的电压 $u_V=220\sqrt{2}\sin 314t$ V。求:(1) U相和 W 相电压的瞬时值表达式;(2) 绘制出三相对称电源 U、V、W 的矢量图。

2. 有一对称三相负载,每相负载的电阻 $R=60$ Ω,感抗 $X_L=80$ Ω,星形联结,并联在线 电压为 380 V 的对称三相电源上。求:(1) 负载的相电压;(2) 电路的线电流与负载的相 电流;(3) 负载的有功功率。

3. 选用低压熔断器时,低压熔断器的额定电压、额定电流及熔体的额定电流应如何 选择?

变压器 ━━━

　　变压器是利用电磁感应原理制成的静止电气设备。它能将某一电压值的交流电按需要变换成同频率的另一电压值的交流电;也可以改变交流电流的数值及变换阻抗或改变相位。在电力系统、自动控制及电子设备中,广泛使用着各种类型的变压器。

1
2
3
4
5
6
7
8
9
10

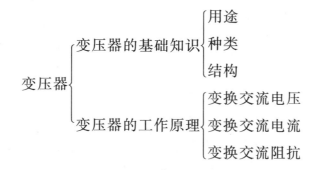

$$
变压器
\begin{cases}
变压器的基础知识
\begin{cases}
用途 \\
种类 \\
结构
\end{cases} \\
变压器的工作原理
\begin{cases}
变换交流电压 \\
变换交流电流 \\
变换交流阻抗
\end{cases}
\end{cases}
$$

学法指导

本单元的学习主要包括变压器的基础知识与工作原理两个方面。学习中可通过多种途径了解变压器的种类及其在生产生活中的实际应用,同时要理解变压器的基本工作原理及其相关计算。

要点提示

一、变压器的基础知识

1. 用途

变压器是利用互感原理工作的电磁装置,应用非常广泛。实际上,输电、配电和用电所需的各种不同的电压,都是通过变压器进行变换后而得到的。变压器除了可以变换电压之外,还可以变换电流,变换阻抗,改变相位等。

2. 种类

变压器的种类很多,一般可按用途、结构、相数分类。① 按用途可分为:输配电用的电力变压器;电解用的整流变压器;实验用的调压变压器;电子技术中的输入、输出变压器;用于测量电压的电压互感器、测量电流的钳形电流表等。② 按结构可分为:双绕组变压器、三绕组变压器、多绕组变压器以及自耦变压器。③ 按相数可分为:单相变压器、三相变压器和多相变压器。

3. 结构

变压器是根据电磁感应原理制成的,它主要由铁心和绕组两部分组成。一次绕组与电源、二次绕组与负载构成两个电路,铁心构成的磁路将两个电路联系起来。

二、变压器的工作原理

变压器可以改变电压、电流和阻抗。如果忽略变压器的功率损耗,电压、电流和阻抗之间的关系满足下式

$$\frac{U_1}{U_2} = \frac{N_1}{N_2} = n$$

$$\frac{I_1}{I_2} = \frac{N_2}{N_1} = \frac{1}{n}$$

$$\frac{Z_1}{Z_2} = \left(\frac{N_1}{N_2}\right)^2 = n^2$$

即变压器在空载情况下,一次绕组、二次绕组的电压之比与匝数成正比;变压器带负载工作时,一次绕组、二次绕组的电流与它们的匝数成反比;在变压器的二次绕组接上负载阻抗 Z_2 时,就相当于使电源直接接上一个阻抗为 $n^2 Z_2$ 的负载。

典题解析

【例】 某理想变压器,一次绕组的匝数为 1 000 匝,二次绕组的匝数为 200 匝,将一次绕组接在 220 V 的交流电源中,若二次侧负载阻抗是 22 Ω,求:(1) 二次绕组的输出电压;(2) 一次、二次绕组中的电流;(3) 变压器一次绕组的输入阻抗。

解:

(1) 由公式 $\frac{U_1}{U_2} = \frac{N_1}{N_2}$ 可得

$$U_2 = \frac{N_2}{N_1} U_1 = \frac{200}{1\ 000} \times 220 \text{ V} = 44 \text{ V}$$

(2) 二次绕组中的电流 $\qquad I_2 = \frac{U_2}{R} = \frac{44}{22} \text{ A} = 2 \text{ A}$

一次绕组中的电流 $\qquad I_1 = \frac{N_2}{N_1} I_2 = \frac{200}{1\ 000} \times 2 \text{ A} = 0.4 \text{ A}$

(3) 变压器一次绕组的输入阻抗 $\quad Z' = \left(\frac{N_1}{N_2}\right)^2 Z = \left(\frac{1\ 000}{200}\right)^2 \times 22 \text{ Ω} = 550 \text{ Ω}$

评析: 求解此题的关键在于能够熟练掌握变压器改变电压、电流、阻抗的计算公式,并学会灵活运用。

9.1 变压器的用途和构造

一、填空题

1. 输电、配电和用电所需的各种不同的电压,都是通过_____进行变换后得到的。

2. 变压器的主要作用是:变换交流电压、变换交流电流、变换_____。

3. 变压器按相数可分为_____、_____和_____。

4. 变压器主要由_____和_____两部分组成。

5. 铁心是变压器的_____通道。为了减小_____和_____,铁心常用磁导率较高而又相互绝缘的硅钢片叠装而成。

6. 绕组是变压器的_____部分。绕组用绝缘良好的_____、_____或丝包线绕成。

7. 变压器工作时,与电源相连的绕组称为_____,也称_____、_____或初级绕组;与负载连接的绕组称为_____,也称_____、_____或次级绕组。

8. 变压器绕组的一个重要问题是必须有良好的_____。

二、选择题

1. 在制造变压器时进行去潮处理的目的是(　　　)。

A. 提高绝缘性能　　　　　　　　　B. 提高磁通量

C. 提高效率　　　　　　　　　　　D. 以上都不对

2. 变压器的额定容量是指变压器二次侧输出的最大(　　　)。

A. 有功功率　　　　B. 无功功率　　　　C. 视在功率　　　　D. 瞬时功率

3. 每片硅钢片的厚度为(　　　)。

A. 0.30~0.70 mm　　　　　　　　　B. 0.50~0.65 mm

C. 0.35~0.50 mm　　　　　　　　　D. 0.20~0.50 mm

4. 接到变压器一次侧上的最大正常工作电压称为(　　　)。

A. 一次最大电压　　　　　　　　　B. 一次额定电压

C. 一次实际电压　　　　　　　　　D. 以上都不对

5. 变压器额定容量的大小为(　　　)。

A. 二次额定电压与额定电流的乘积

B. 一次额定电压与额定电流的乘积

C. 二次额定电压与一次额定电流的乘积

D. 一次额定电压与二次额定电流的乘积

9.2　变压器的工作原理

一、填空题

1. 变压器的高压绕组匝数多而通过的电流_____,可用较_____的导线绕制;低压绕组匝数少而通过的电流_____,应当用较_____的导线绕制。

2. 变压器是利用_____原理制成的静止电气设备。

3. 有一台降压变压器,一次电压为 380 V,二次电压为 36 V,若一次绕组为1 600匝,则二次绕组的匝数为_____。

4. 若变压器的变压比 $n = 20$,当一次电流为 2 A 时,则二次侧流过负载的电流是_____。

5. 若某理想变压器一次绕组接到 220 V 的电源上,二次绕组的匝数为 150 匝,输出电压为 12 V,电流为 100 mA,则一次绕组的匝数等于_____,一次绕组中的电流为_____。

6. 有一个晶体管收音机的输出变压器,一次绕组的匝数是 600 匝,二次绕组的匝数是 150 匝,则该变压器的变压比 $n =$_____;若在二次侧接上一阻抗为 8 Ω 的扬声器,这时变压器的输入阻抗是_____。

7. 某晶体管收音机的输出阻抗为 400 Ω。现有一阻抗为 16 Ω 的扬声器,若要使扬声器获得最大功率,则在扬声器和收音机的输出端之间应接一个变比为_____的变压器;若变压器的一次绕组匝数为 100 匝,则变压器的二次绕组匝数为_____。

二、选择题

1. 变压器一次、二次绕组中不能改变的物理量是(　　)。

A. 电压　　　　　　B. 电流　　　　　　C. 电阻　　　　　　D. 频率

2. 变压器铁心的材料是(　　)。

A. 软磁材料　　　　B. 硬磁材料　　　　C. 矩磁材料　　　　D. 反磁材料

3. 用变压器变换交流阻抗的目的是(　　)。

A. 提高输出电压　　　　　　　　　B. 使负载获得更大电流

C. 使负载获得最大功率　　　　　　D. 为了安全

4. 变压器中起传递电能作用的是(　　)。

A. 主磁通　　　　　B. 漏磁通　　　　　C. 电流　　　　　　D. 电压

5. 理想变压器一次、二次绕组的匝数比为 4∶1,一次绕组接在 220 V 的交流电源上,二次绕组所接的负载电阻是 1 Ω,则二次电流是( )。

A. 5 A B. 11 A C. 20 A D. 55 A

三、计算题

1. 有一理想变压器,一次绕组接电源电压 380 V,一次绕组的匝数为 1 000 匝,二次绕组的匝数为 100 匝,若二次侧负载阻抗是 19 Ω,求:(1) 二次电压;(2) 一次、二次电流。

2. 有一电压比为 220 V/12 V 的降压变压器,二次绕组接 16Ω 的负载,求变压器一次绕组的输入阻抗。

综合测试

一、是非题

1. 变压器可以改变各种电源的电压。 ( )

2. 变压器的高压绕组匝数多而通过的电流小,可用较细的导线绕制;低压绕组匝数少而通过的电流大,应当用较粗的导线绕制。 ( )

3. 手机充电器中的变压器是一种降压变压器。 ( )

4. 发电厂发出的电根据输电距离的大小,一般用降压变压器将电能降压后再输送。 ( )

5. 输电、配电和用电所需的各种不同的电压,都是通过变压器进行变换后而得到的。 ( )

6. 铁心是变压器的电路通道,绕组是变压器的磁路部分。 ( )

7. 为了减小涡流和磁滞损耗,铁心常用磁导率较高而又相互绝缘的硅钢片叠装而成。 ( )

8. 变压器绕组的一个重要问题是必须有良好的绝缘。 ( )

9. 变压器带负载工作时,一次绕组、二次绕组的电流与它们的电压或匝数成正比。 ( )

10. 在电子线路中,常用变压器来变换交流阻抗。 ( )

二、填空题

1. 变压器是根据_____原理工作的。变压器主要由_____和_____两个基本部分组成。

2. 变压器工作时与电源连接的绕组称为_____,与负载连接的绕组称为_____。变压器的绕组必须有良好的_____。

3. 为了减小_____和_____,变压器的铁心常用磁导率较高而又相互绝缘的硅钢片叠装而成。每片硅钢片的厚度为_____。

4. 若变压器的变压比 $n = 10$,当一次电流为 1 A 时,流过负载的二次电流为_____。若一次绕组的匝数为 1 000 匝,则二次绕组的匝数为_____。

5. 某理想变压器,一次绕组接到 220 V 的交流电源上,二次绕组匝数为 150 匝,二次电压为 6 V,电流为 20 mA,则一次绕组的匝数为_____,一次电流等于_____。

6. 某晶体管收音机的输出变压器,一次绕组的匝数是 600 匝,二次绕组的匝数是 150 匝,则该变压器的变压比 $n = $_____;如果在二次绕组接上音圈阻抗为 8 Ω 的扬声器,这时变压器的输入阻抗是_____。

7. 某变压器,一次绕组 $N_1 = 1\,000$ 匝,二次绕组 $N_2 = 200$ 匝,一次侧加交流电压为 110 V,则二次侧的电压为_____。

三、选择题

1. 某理想变压器的一次、二次绕组匝数比为 $10 : 1$,若在一次绕组上加 $u = 311\sin 314t$ V 的交流电压,则在二次绕组的两端用交流电压表测得的电压是(　　　)。

A. 220 V　　　　　　B. 22 V　　　　　　C. 311 V　　　　　　D. 31.1 V

2. 某信号源的内阻为 60 Ω,负载电阻为 15 Ω。欲使负载获得最大功率,必须在信号源和负载之间接一匹配变压器,则变压器的变压比为(　　　)。

A. 4　　　　　　　　B. 8　　　　　　　　C. 2　　　　　　　　D. 16

3. 某降压变压器,一次电压为 380 V,二次电压为 36 V,若一次绕组为 1 900 匝,则二次绕组的匝数是(　　　)。

A. 180　　　　　　　B. 90　　　　　　　C. 60　　　　　　　D. 360

4. 利用理想变压器给照明灯供电,在其他条件不变的情况下,若增加二次绕组的匝数,则(　　　)。

A. 灯亮度减小　　　　　　　　　　B. 灯亮度增大

C. 灯亮度不变　　　　　　　　　　D. 以上都不正确

5. 某理想变压器的一次、二次绕组匝数比为 $10 : 1$,二次绕组两端接一个 "38 V/100 W" 的负载,为保证负载正常,则变压器的输入电压与输入电流分别为(　　　)。

A. 220 V　0.26 A　　　　　　　　B. 220 V　2.6 A

C. 380 V　0.26 A　　　　　　　　D. 380 V　2.6 A

6. 变压器的一次、二次侧匝数分别为 N_1、N_2,当变压器带负载工作时,一次、二次侧的电流分别为 I_1、I_2 和阻抗分别为 Z_1、Z_2,下面说法正确的是(　　　)。

A. $N_1 > N_2$ 时,则有 $I_1 > I_2$,$Z_1 > Z_2$　　　　B. $N_1 > N_2$ 时,则有 $I_1 < I_2$,$Z_1 > Z_2$

C. $N_1 < N_2$ 时,则有 $I_1 < I_2$,$Z_1 > Z_2$　　　　D. $N_1 < N_2$ 时,则有 $I_1 < I_2$,$Z_1 < Z_2$

四、简答与计算题

1. 简述变压器的基本构造及各部分的作用。

2. 某理想变压器,一次电压为 220 V,一次绕组的匝数为 880 匝,二次绕组的匝数为 100 匝,若二次侧负载阻抗是 10 Ω,求:(1) 二次电压;(2) 一次、二次电流。

3. 某电压比为 220 V/110 V 的降压变压器,二次绕组接 55 Ω 的负载,求变压器一次绕组的输入阻抗。

* 瞬态过程 ————

在生产和生活中,常会遇到瞬态过程(也称暂态过程或过渡过程),如电动机从静止状态起动,它的转速从零逐渐上升,最后到达稳定值的过程就是一个瞬态过程。类似的现象在电路中也存在。

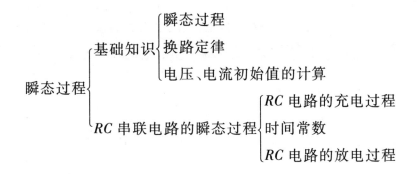

本单元的学习主要包括瞬态过程的基础知识与 RC 串联电路的瞬态过程两个方面。学习过程中,可结合具体的生产生活实例,加深对瞬态过程和换路定律的理解,可通过练习,学会电压、电流初始值的计算,同时要侧重于对 RC 串联电路瞬态过程的分析与理解。

一、瞬态过程的基础知识

1. 瞬态过程

在具有储能元件的电路中,换路后,电路不能立即由一种稳定状态转换到另一种稳定状态,需要经历一定的过程(需要一定的时间),这个物理过程称为瞬态过程。瞬态过程也称过渡过程或暂态过程。

2. 换路定律

换路时,电容元件上的电压和电感元件中的电流不能发生跃变,这称为换路定律。用公式表示为

$$\begin{cases} u_C(0_+) = u_C(0_-) \\ i_L(0_+) = i_L(0_-) \end{cases}$$

3. 电压、电流初始值的计算

在分析电路的瞬态过程时,换路定律和基尔霍夫定律是两个重要依据,可以用来确定瞬态过程的初始值($t=0_+$的值)。其步骤是:首先根据换路定律求出 $u_C(0_+)$ 和 $i_L(0_+)$,然后根据基尔霍夫定律及欧姆定律求出其他有关量的初始值。

二、RC 串联电路的瞬态过程

RC 串联电路瞬态过程的特点见表 10-1。

表 10-1　RC 串联电路瞬态过程的特点

电路及其状态	初始条件($t=0_+$)	电流、电压变化数学表达式	终态($t\to\infty$)	时间常数 τ
接通电源 E $u_C(0_-)=0$	$u_C(0_+)=0$ $i(0_+)=\dfrac{E}{R}$	$u_C=E(1-e^{-\frac{t}{\tau}})$ $i=\dfrac{E}{R}e^{-\frac{t}{\tau}}$	$u_C=E$ $i=0$	$\tau=RC$
短路 $u_C(0_-)=E$	$u_C(0_+)=E$ $i(0_+)=\dfrac{E}{R}$	$u_C=Ee^{-\frac{t}{\tau}}$ $i=\dfrac{E}{R}e^{-\frac{t}{\tau}}$	$u_C=0$ $i=0$	$\tau=RC$

典题解析

【例】　在图 10-1 所示电路中,已知 $E=12$ V,$R_1=3$ Ω,$R_2=6$ Ω,$C=10$ μF。开关 S 在"1"位置时,电路已处于稳态,现将开关 S 由"1"位置扳到"2"位置。求:(1) S 由"1"扳到"2"的瞬间,电容 C 两端电压 u_C、电阻 R_2 两端的电压 u_R 及电路中的电流 i;(2) 放电回路中的时间常数 τ。

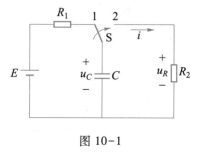

图 10-1

解:

(1) 开关 S 在"1"位置时,$u_C=E=12$ V

即

$$u_C(0_-)=12 \text{ V}$$

根据换路定律,开关 S 由"1"扳到"2"的瞬间,电容 C 两端电压

$$u_C(0_+)=u_C(0_-)=12 \text{ V}$$

因此,$t=0_+$ 时电路中的电流

$$i(0_+)=\frac{u_C(0_+)}{R_2}=\frac{12}{6} \text{ A}=2 \text{ A}$$

电阻 R_2 两端电压

$$u_R(0_+)=u_C(0_+)=12 \text{ V}$$

(2) 放电回路中的时间常数

$$\tau = R_2 C = 6 \times 10 \times 10^{-6}\ \text{s} = 60\ \mu\text{s}$$

评析：求解此题的关键是，要熟练掌握换路定律。对于电容来说，换路前后，电容两端的电压不能发生突变，即 $u_C(0_+) = u_C(0_-)$。

同步训练

10.1　瞬态过程和换路定律

一、填空题

1. 瞬态过程也称_____或_____。

2. 引起瞬态过程的电路变化称为_____。电路中具有电感或电容元件时，在换路后通常有一个_____。

3. 在具有储能元件(L 或 C)的电路中，换路瞬间电容元件上的_____和电感元件中的_____不能发生_____，称为换路定律。

4. 在图 10-2 所示电路中，在开关 S 闭合的瞬间，电容 C 两端的电压 $u_C =$_____，灯(等效电阻为 R)两端的电压 $u_R =$_____，电路中的电流 $i =$_____。

5. 在图 10-3 所示电路中，在开关 S 闭合的瞬间，通过电感的电流 $i_L =$_____，灯(等效电阻为 R)两端的电压 $u_R =$_____，电感两端的电压 $u_L =$_____。

6. 在图 10-4 所示电路中，当开关 S 未闭合时，3 盏灯都不亮。当开关 S 闭合后，灯 EL_1 立刻_____；灯 EL_2 是_____变亮的，经过一段时间达到与灯 EL_1 同样的_____；灯 EL_3 的现象是_____。

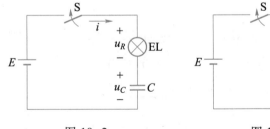

图 10-2

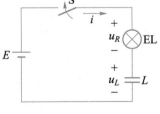

图 10-3

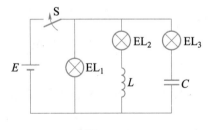

图 10-4

7. 换路前，如果储能元件没有储能，那么在换路的瞬间，$u_C(0_+) = u_C(0_-) =$_____，电容相当于_____；$i_L(0_+) = i_L(0_-) =$_____，电感相当于_____。

二、分析与计算题

1. 在图 10-5 所示电路中，已知 $E = 12\ \text{V}$，灯的等效电阻 $R = 6\ \Omega$，开关 S 闭合前，电容

两端电压为零。试求开关 S 闭合瞬间电路中的电流 i、灯两端电压 u_R 及电容 C 两端电压 u_C。

2. 在图 10-6 所示电路中，已知 $E = 12$ V，$R_1 = 3$ kΩ，$R_2 = 6$ kΩ，开关 S 闭合前，电容两端电压为零。试求开关 S 闭合瞬间各元件电压和各支路电流的初始值。

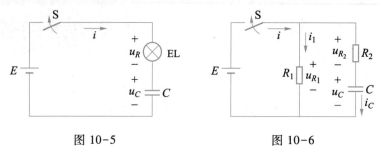

图 10-5　　　　　　　　　　图 10-6

10.2　*RC* 串联电路的瞬态过程

一、填空题

1. 理论和实验证明，RC 串联电路的充电电流按＿＿＿＿＿＿＿＿变化；电容器通过电阻放电的电流和电容器两端的电压都按＿＿＿＿＿＿＿＿变化。

2. RC 串联电路中的时间常数 $\tau =$ ＿＿＿＿＿＿。τ 越大，充电速度越＿＿＿＿＿＿，瞬态过程越＿＿＿＿＿＿；τ 越小，充电速度越＿＿＿＿＿＿，瞬态过程越＿＿＿＿＿＿。

3. 当 $t = \tau$ 时，$u_C =$ ＿＿＿＿＿＿ E，τ 是电容器充电电压达到终值的 63.2% 时所用的时间。当 $t =$ ＿＿＿＿＿＿时，可认为瞬态过程结束。

4. 在图 10-7 所示电路中，在开关 S 闭合的瞬间电流发生了＿＿＿＿＿＿，此刻电流＿＿＿＿＿＿，对电容器充电速率＿＿＿＿＿＿，两极板间电压升高速率最快。随着电容器极板上电荷量的增加，两极板间电压＿＿＿＿＿＿，电容器两端电压逐渐接近＿＿＿＿＿＿电压，充电电流逐渐减小。当电容器两端电压等于＿＿＿＿＿＿＿时，充电电流减小到＿＿＿＿＿＿，瞬态过程结束，电路达到稳定状态。

5. 在图 10-8 所示电路中，将开关 S 由"1"位置扳到"2"位置时，电容器 C 通过电阻 R 开始＿＿＿＿＿＿。放电起始时，电容器两端的电压 $u_C =$ ＿＿＿＿＿＿，放电电流 $i =$ ＿＿＿＿＿＿。电容器放电完毕，瞬态过程结束，达到新的稳定状态，此时，$u_C =$ ＿＿＿＿＿＿，$i =$ ＿＿＿＿＿＿。

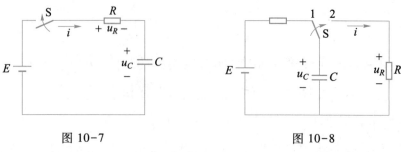

图 10-7　　　　　　　　　　图 10-8

6. 在电气工程中,通常通过改变_____的大小或_____来改变时间常数的大小。

二、简答与计算题

1. 在图 10-9 所示电路中,换路前电路已处于稳态。当 $t=0$ 时刻开关 S 闭合,问电路换路后是否会出现瞬态过程?为什么?

2. 在图 10-10 所示电路中,开关 S 断开前电路已处于稳定状态。求:(1) 开关 S 断开瞬间的 $u_C(0_+)$ 和 $i(0_+)$;(2) 时间常数 τ;(3) 多长时间后可认为放电过程基本结束?

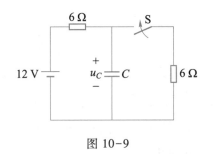

图 10-9

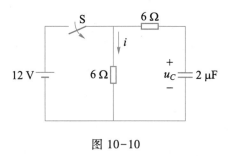

图 10-10

综合测试

一、是非题

1. 火车在车站发车时,从停车的稳态到 100 km/h 匀速运动的稳态,需要经历加速运动的瞬态过程。   (   )

2. 电动机从静止加速到稳定转速,不需要经过瞬态过程。   (   )

3. 电容器的充电过程,就是一个瞬态过程。   (   )

4. 电路的接通或断开一定会引起瞬态过程。   (   )

5. 电路中具有电感或电容元件时,在换路后通常有一个瞬态过程。 (   )

6. 在电路换路时,只有电感中的电流和电容上的电压不能跃变,电路中其他部分的电压和电流都可能跃变。   (   )

7. 换路前,如果储能元件没有储能,那么在换路的瞬间,电容相当于开路,电感相当于短路。   (   )

8. RC 电路的充电电流按指数规律变化。   (   )

9. 时间常数 τ 反映电容器充电速率。τ 越大,充电速度越快,瞬态过程越短。 (   )

10. 当 $t=5\tau$ 时,可认为瞬态过程结束。   (   )

二、填空题

1. 从一种稳态转换到另一种新的稳态,是不可能发生_____的,需要经历一定的过程(需要一定的时间),这个物理过程称为_____。

2. 引起电路瞬态过程的原因有两个,即外因和内因。外因是_____;内因即电路中必须_____。

3. 从 $\iota = 0_-$ 到 $\iota = 0_+$ 瞬间,电容元件上的_____和电感元件中的_____不能跃变,这称为换路定律。用公式分别表示为_____和_____。

4. 换路前,如果储能元件没有储能,那么在换路的瞬间,$u_c(0_+) = u_c(0_-) = $_____,电容相当于_____;$i_L(0_+) = i_L(0_-) = $_____,电感相当于_____。

5. 在瞬态过程中,τ 称为_____,它的单位是_____,在 RC 电路中,$\tau = $_____。

三、选择题

1. 在图 10-11 所示电路中,当开关 S 闭合后,与电容串联的灯( )。

A. 立即亮
B. 由亮逐渐变为不亮
C. 逐渐变亮
D. 由不亮逐渐变亮,再由亮逐渐变为不亮

2. 在图 10-12 所示电路中,当开关 S 闭合后,与电感串联的灯( )。

A. 立即亮
B. 由亮逐渐变为不亮
C. 逐渐变亮
D. 由不亮逐渐变亮,再由亮逐渐变为不亮

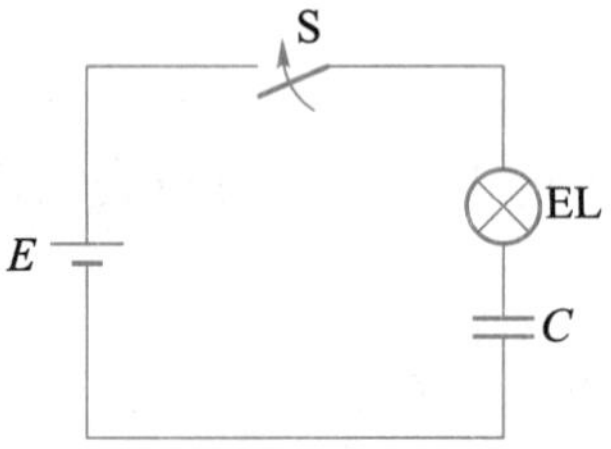

图 10-11 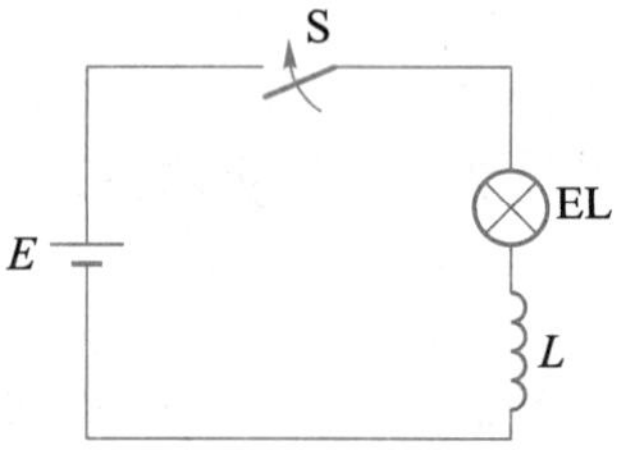   图 10-12

3. 只要电路中发生( ),电路必定产生瞬态过程。

A. 开关动作
B. 动态元件储能有变化
C. 电路结构变化
D. 电源电压变化

4. 在图 10-13 所示电路中,已知 $E = 10$ V,$R_1 = 2 \ \Omega$,$R_2 = 8 \ \Omega$,当开关 S 断开瞬间,$i_C(0_+)$ 为( )。

A. 5 A
B. 1.25 A
C. 0 A
D. 1 A

5. 在图 10-14 所示电路中,已知 $E = 12$ V,$R_1 = 3 \ \Omega$,$R_2 = 6 \ \Omega$,$C = 2 \ \mu F$,换路前电路已处于稳态。当开关 S 断开瞬间,电容器将通过 R_1、R_2 放电,则放电时间常数 τ 为( )。

A. 3 μs
B. 4 μs
C. 6 μs
D. 9 μs

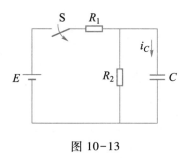

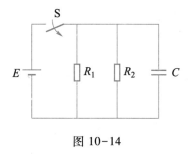

图 10-13   图 10-14

四、分析与计算题

1. 在图 10-15 所示电路中,已知 $E = 6$ V,灯的等效电阻为 100 Ω,求:开关闭合瞬间电路中的电流 i 及电感、灯两端的电压 u_L、u_R。

2. 在图 10-16 所示电路中,开关 S 断开前电路已处于稳定状态。求:(1) 开关 S 断开瞬间的 $u_C(0_+)$ 和 $i(0_+)$;(2) 时间常数 τ;(3) 多长时间后可认为放电过程基本结束?

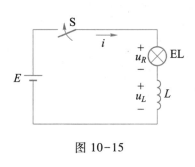

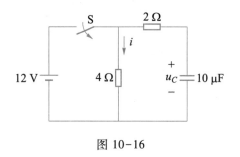

图 10-15   图 10-16

读者意见反馈

为收集对教材的意见建议,进一步完善教材编写并做好服务工作,读者可将对本教材的意见建议通过如下渠道反馈至我社。

咨询电话　400-810-0598

反馈邮箱　zz_dzyj@pub.hep.cn

通信地址　北京市朝阳区惠新东街4号富盛大厦1座　高等教育出版社总编辑办公室

邮政编码　100029

防伪查询说明

用户购书后刮开封底防伪涂层,使用手机微信等软件扫描二维码,会跳转至防伪查询网页,获得所购图书详细信息。

防伪客服电话　(010)58582300

学习卡账号使用说明

一、注册/登录

访问 http://abook.hep.com.cn/sve,点击"注册",在注册页面输入用户名、密码及常用的邮箱进行注册。已注册的用户直接输入用户名和密码登录即可进入"我的课程"页面。

二、课程绑定

点击"我的课程"页面右上方"绑定课程",在"明码"框中正确输入教材封底防伪标签上的20位数字,点击"确定"完成课程绑定。

三、访问课程

在"正在学习"列表中选择已绑定的课程,点击"进入课程"即可浏览或下载与本书配套的课程资源。刚绑定的课程请在"申请学习"列表中选择相应课程并点击"进入课程"。

如有账号问题,请发邮件至:4a_admin_zz@pub.hep.cn。